IoT がわかる本

Internet of Things

Sensor
- Mechanical
- Heat
- Photo
- Electric
- Bio
- Gyro
- GPS

Internet

Application
- Wearable
- TV
- Camera
- Car
- Smart House
- Clothes
- Health Care

Photo

Heat

Electric

GPS

Wearable

Camera

Car

Health Care

はじめに

　ネットワークにつないで、情報をやり取りする機器といえば、これまでは「PC」や「スマホ」「ゲーム機」など、いわゆるIT機器と言われるものがほとんどでした。

　しかし、今後は情報を取得するセンサ類や、Bluetoothなどの近距離無線通信の普及によって、IT機器だけでなく、世の中に存在するさまざまなモノに通信機能をもたせて、相互通信による制御や計測などを行なう時代になると考えられています。

　このような技術を、一般に「IoT」(Internet of Things：モノのネットワーク)と呼びます。

　最近の「モバイル・ネットワーク」や「クラウド・サービス」の一般化にともない、「IoT」によるビジネスチャンスが迫ってきているため、各種企業も研究を進めていおり、今後ますます「IoT」という言葉を見聞きする機会は増えていくでしょう。

　そこで本書では、「IoT」がどのような技術なのかを解説するとともに、主要な部品となる「センサ」や、マイコンボードなどの「開発環境」、そして「セキュリティ技術と危険性」などについて、幅広く解説します。

　本書が、「IoT」を理解する一歩として役に立てば、幸いです。

I/O編集部

IoTがわかる本

CONTENTS

はじめに …………………………………………………………………………… 3

第1章　「IoT」の概要

[1-1] 「IoT」とは何か…………………………………………………………… 8

[1-2] 「IoT」と「ネットワーク」………………………………………………… 9

[1-3] 「IoT」で実現すること…………………………………………………… 24

[1-4] 「IoT」の未来像…………………………………………………………… 30

第2章　「センサ」と「IoT」

[2-1] 「センサ」とは ……………………………………………………………… 36

[2-2] 「センサ」の種類と仕組み ………………………………………………… 45

[2-3] 「センサ」のある機器 ……………………………………………………… 60

[2-4] 身体に直接貼る「生体情報センサ」……………………………………… 72

第3章　「マイコンボード」と「IoT」

[3-1] 「マイコンボード」とは ……………………………………………………… 80

[3-2] 定番の「マイコンボード」…………………………………………………… 88

[3-3] Linuxボード ………………………………………………………………… 98

[3-4] その他の「マイコンボード」……………………………………………… 124

第4章　「IoT」の課題とセキュリティ技術

[4-1] 「IoT」の課題………………………………………………………………… 144

[4-2] 「IoT」の危険な罠………………………………………………………… 145

[4-3] 「IoT」時代のセキュリティ技術…………………………………………… 152

索　引 …………………………………………………………………………… 158

●各製品名は一般に各社の登録商標または商標ですが、®およびTMは省略しています。

第1章
「IoT」の概要

「IoT」(Internet of Things)は、政府や自治体をはじめ、家電メーカー、研究所が提案している、近未来の技術です。ここでは、「IoT」がどのようなものなのか、そして「IoT」が使われている場所などについて解説します。

IoTを使った農業は、「スマートアグリ」と言う名前で知られている。写真はオランダで「スマートアグリ」を大規模に進めている「アグリポートA7」の農園の様子(http://japan-jp.nlembassy.org/)

第1章　「IoT」の概要

1-1　「IoT」とは何か

モノのインターネット

　「IoT」とは「Internet of Things」の略で、日本語では「モノのインターネット」と呼ばれています。

　「モノのインターネット」と聞けば、"ああ、なんだか最近よく聞くキーワードだな"と思い当たるのではないでしょうか。
　しかし、「モノ」と言われても、それがいったい何なのか漠然としてしまいます。

*

　現在ネットワークに接続されている機器と言えば、「PC」「スマホ」「ゲーム機」や「デジタルTV」「BDレコーダ」など、いわゆる「IT機器」が主たるものです。

　そして、近い将来には、あらゆる「モノ」がネットワークにつながり、統合的に管理される時代が到来すると考えられています。
　その際に必要なのが、それらの「モノ」をネットワークにつなぐ技術であり、それが「IoT」と呼ばれているのです。

*

　「IoT」の概念自体はそれほど新しいものではなく、コンピュータが一般にも普及しはじめた1980年代ころから、似たようなコンセプトは提唱されてきました。
　なお、「IoT」という言葉自体は1999年にケビン・アシュトン氏が考案したとされています。

　それが、なぜここ最近急に注目を集めるようになったのかですが、それは近年の「モバイル・ネットワーク」や「クラウド・サービス」の普及によって「IoT」実現の機運が高まり、ビジネスチャンスが迫ってきたからと考えられます。

8

[1-2]「IoT」と「ネットワーク」

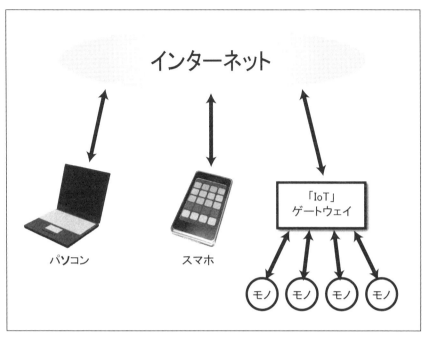

IT機器以外のさまざまな「モノ」がネットワークにつながる
「IoT」では「モノ」が直接インターネットにつながるのではなく、多数の端末が専用のゲートウェイを通じてインターネットと接続されることになる。

1-2 「IoT」と「ネットワーク」

「IoT」と「ネットワーク」をつなぐ手段

「IoT」では、以下のような点が主な目的として挙げられます。

・離れたモノを操作する。
・離れたモノの状態を知る。

これを実現するために、さまざまな「モノ」に対してセンサを取り付け、インターネット経由でモニターしたりコントロールすることで安全かつ快適な生活を実現することが「IoT」の大きな目標と言えるでしょう。

9

第1章 「IoT」の概要

　そこで必要になるのが、「モノ」と「ネットワーク」を物理的に接続する手段、つまり「ネットワークの通信方法」です。

＊

　ネットワーク通信方法の一般的な代表例と言えば、「有線LAN」です。

　「有線LAN」の通信ケーブルには、電源供給ができるものもあります（PoE : Power over Ethernet）。

　「PoE」を使うと、ケーブルが届く範囲であれば、電源の配線を考えることなく設置や移動が可能になります。

> ※「PoE」にはいくつか規格があり、また独自規格のものも存在するので、すべての機器が相互利用が可能なわけではない。

＊

　そしてもう一つの通信方法が、「無線通信」です。

　「無線通信」を利用することによって、機器を自由に設置したり、電波の範囲内で移動することも可能です。

　特に、移動しながらの通信は、「有線LAN」では不可能な用途にも対応できます。

　一方、「Wi-Fi」などの無線通信機器は、電力消費が比較的大きいデメリットもあります。

　このため、電源が取れる場所に設置するか、大きなバッテリが必要です。

＊

　一般的に「IoT」では、「無線通信」のほうが便利だったり、「無線通信」でなくては実現困難なケースが多々あります。

　そのため、基本的に「無線通信」での接続が考えられています。

　「無線通信」と言えば、すでに普及している「Wi-Fi」や「3G/LTE」などが思い当たる人も多いでしょう。

　しかし、これら従来の「無線ネットワーク」では、接続端末数が膨大になるであろう「IoT」には、お世辞にも向いているとは言えません。

10

[1-2]「IoT」と「ネットワーク」

そこで、「IoT」では、次に紹介するような技術が用いられることになります。

IEEE802.15.4

「IEEE802.15.4」は、ネットワーク規格を取り扱う「IEEE802」の中で、低消費電力の「ワイヤレスセンサ・ネットワーク」構築に適した「無線通信規格」の標準化を担った規格です。

「IEEE802.15.4」の主な仕様は次の通りです。

・周波数帯 ………………… 2.4GHz 他
・チャンネル数 …………… 16ch
・変調方式 ………………… O-PQSK、DSSS
・伝送速度 ………………… 250kbps
・消費電力 ………………… 30mA 以下（通信時）
・暗号化 …………………… AES-128bit
・ノード数 ………………… 65,536

その特徴を要約すると、

> 低速だがノイズに強い変調方式を採用、6万ノードを超える大規模ネットワークにも対応可能で、消費電力も低く、強力な暗号化も備える規格

となるでしょうか。

この「IEEE802.15.4」をベースに、「IoT」へ対応した技術がいくつか登場しています。

■ZigBee

「ZigBee」（ジグビー）は「センサ・ネットワーク」を主目的とする「近距離無線通信規格」のひとつです。

2002年に非営利団体「ZigBeeアライアンス」を設立し、「センサ・ネットワーク」の標準化のため、「ZigBee」承認製品も数多く登場しています。

第1章 「IoT」の概要

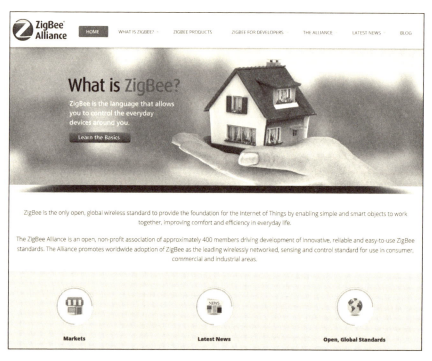

「ZigBeeアライアンス」Webサイト (http://zigbee.org/)

　「ZigBee」は、転送距離が短く転送速度も低速である代わりに、安価で消費電力が少ないという特徴があります。

　物理層には「IEEE802.15.4」を用い、通信プロトコルなどの論理層は「ZigBeeアライアンス」が仕様策定しています。

　また、「ZigBee」では「マルチポップ方式」の無線通信を採用しています。

　「ZigBee」機器間で「メッシュ・ネットワーク」を構築し、データを「バケツ・リレー」することで、電波干渉などを避け、遠くまで通信することが可能です。

*

　なお、「ZigBee」のデバイス自体は、「Wi-Fi」(IEEE 802.11で規格化)の機器とは直接通信できません。

[1-2]「IoT」と「ネットワーク」

　しかし、「中継器」(ゲートウェイ)を使って中継することで、各デバイスは「ZigBee」で消費電力を抑えたまま無線通信をしつつ、インターネット経由の通信も可能になります。

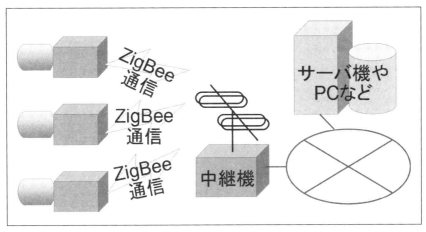

「ZigBee」と「中継器」のイメージ

■Wi-SUN

　「Wi-SUN」(ワイサン)は、日本の「情報通信研究機構」(NICT)が中心的な役割を果たして国際標準規格化した、「サブ・ギガヘルツ帯」を用いる無線通信規格です。

　「Wi-SUN」の概要は次の通りです。

・準拠規格 ………………… IEEE802.15.4
・周波数帯 ………………… 920MHz帯
・通信距離 ………………… 最大約500m、マルチホップ通信対応
・通信速度 ………………… 50/100/200kbps
・消費電力 ………………… 非常に低い

　「Wi-SUN」の物理層は「IEEE802.15.4g」、MAC層は「IEEE802.15.4e」をベースに規格化されています。

第1章　「IoT」の概要

規格認証団体 Wi-SUN アライアンス（http://www.wi-sun.org/）

　「Wi-SUN」の無線通信は「間欠的」に行なわれるため、必要な消費電力は非常に低くできます。

　たとえば、1ヶ月2,000回程度の通信頻度であれば※、単三電池3本ぶんの電力で10年以上動作できる通信モジュールがすでに開発されている、とのことです。

※一日数十回ほど、センサの記録したデータをサーバへ転送するといった用途。

*

　「ZigBee」や「Wi-SUN」では無線通信周波数に「1GHz」より少し下の周波数（「サブ・ギガヘルツ帯」とも呼ばれる）を使っています。

　「スマホ/携帯電話」で言うところの「プラチナ・バンド」と言えばピンとくるでしょうか。ここで紹介した規格では、その中の「920MHz帯」を使っています。

　この周波数帯の電波には、無線LANなどで用いられている「ギガヘルツ帯」と比較して、

・遠くまで届きやすい
・障害物に強い

14

[1-2] 「IoT」と「ネットワーク」

といった利点があります。

　実は少し前まで、日本国内で使える「サブ・ギガヘルツ帯」には「950MHz帯」が割り当てられていました。

　しかし、主要な諸外国で共通的に割り当てられているのは「920MHz帯」だったため、そのままでは国際的な標準仕様が使えなかったのです[※]。

　　　※「ZigBee」の国内利用は2.4GHz帯に限られていた。

　ところが、携帯キャリアへの電波開放に伴って周波数割り当てが整理され、2012年7月より、諸外国で共通的に用いられている「920MHz帯」（915～928MHz）が使えるようになりました。

　世界の足並みと揃ったことで、俄然「920MHz帯」の無線通信に注目が集まり、ひいては国内における「IoT」への注目度も高まったのです。

Bluetooth

　「Bluetooth4.0」では、散発的な通信を行なう場合に、より省電力な通信が可能となります。

　さらに「Bluetooth4.1」では、「LTS」や「IPv6」などとの親和性を考慮た仕様が盛り込まれました。

*

　「Bluetooth」は、現状はネット接続できるわけではありませんが、適材適所で「IoT」のデバイスとして利用されていくと思います。

ネットワークにつなぐと、何ができるのか

　「IoT」を応用すると、たとえば「家電製品」や「自動車」「健康管理用の万歩計」など、これまで単独で利用していた機器を、インターネットに接続できるようになります。

　「家電製品」なら、「冷蔵庫内の食品の消費期限管理」や「おすすめレシピ」を表示しつつ、そのレシピを電子レンジに転送できるかもしれません。

15

第1章　「IoT」の概要

　一方で、生鮮食料品の小売店や流通関係者は、その地域の冷蔵庫の状況を参考に広告を出したり、効率的な物流の戦略を立てることもできます。

　また、「自動車」であれば、位置情報を元に、「渋滞情報」や「おすすめの道順」を指示しつつ、車の流れの情報から、交通規制の方針を考えることも可能でしょう。
　緊急車両が効率的に動けるように、交通規制もできそうです。
＊
　「スマホ」や「PC」といった端末も、インターネットに接続はできますが、これらの端末は、画面への表示や画面からの操作といった世界に、ほぼ閉じたものになっています。
　また、これらの端末は、操作や情報を読み取るのに「人」が直接関わります。

　一方、「IoT」の用途で用いられる端末は、「人の操作」などの介入は不要で、「端末同士」や「端末〜サーバ間」で自動的に情報のやり取りを行なうことも可能です。
　このように、機械同士が自動的にやり取りする通信は、「M2M」(Machine-to-Machine)とも呼ばれています。

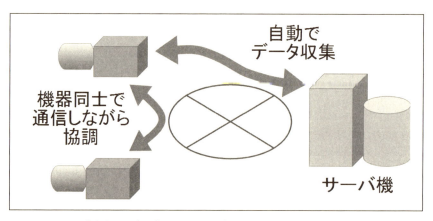

「端末同士」や「端末とサーバ」の通信のイメージ（M2M）

[1-2] 「IoT」と「ネットワーク」

「IoT」に適したプロトコル「MQTT」

主に社会的インフラに用いるネットワークに必要な帯域は、種類や目的によって大幅に異なります。

もちろん、「IoT」で扱う情報の種類は多岐にわたりますが、末端の「モノ」とやり取りする情報には、次のような特徴があります。

・少ない転送量
・低速通信で対応
・リアルタイム性が重要
・送受信する情報がシンプル
・長期間継続して接続

「MQTT」(Message Queuing Telemetry Transport)は、「IoT」に適応させるために開発されたプロトコルで、1999年にIBMのスタンフォード・クラーク博士とArcom(現ユーロテック)のアーレン・ニッパー氏によって創案されました。

「M2M」(machine-to-machine)などで扱う情報の配信や送受信に適合するように設計されています。

現在の「MQTT」は、コンピュータ技術の標準化団体「OASIS」(構造化情報標準促進協会)によって標準化が進められています。

「MQTT」のライセンスはロイヤリティーフリーなので、無償で利用できます。

■なぜ「MQTT」なのか

「MQTT」の有用性は、「HTTP」と比較すると分かりやすいと思います。

＊

「HTTP」は、Webページの配信など、インターネットで最も広く使われているプロトコルですが、ヘッダが冗長なので、どうしてもデータ転送量が多くなり、多くのオーバーヘッドが生じます。

これは、汎用性が高いプロトコルでは仕方ないのですが、「IoT」には適していません。

17

第1章　「IoT」の概要

　主にセンサ類などの「IoT」関連のデバイスは、できるだけ少ない電力で、長期間稼働させるような用途が多いため、転送量を可能な限り削減することが重要です。

＊

　「MQTT」では、「HTTP」に比べて、1/10〜1/100にまで転送量を削減できます。

　一例として、特定の部屋の温度を測定し、そのデータを年間を通じて無線送信する「センサ・デバイス」を設置する場合を考えてみましょう。

　このデバイスは、「ボタン電池」や「リチウムイオン電池」などで稼働する小さなデバイスです。

　送信するデータは、部屋の識別情報と温度の数値です。

　このデバイスの通信プロトコルに「HTTP」を使った場合は、通信モジュールの消費電力は多くなり、頻繁な電池交換が必要になるでしょう。

　そこで、省電力設計のデバイスと「MQTT」を組み合わせて使えば、送信されるデータ量は最小限となり、電池交換無しで1年〜数年稼働させることも可能です。

　このような電池駆動の「無線省電力センサ・デバイス」は、配線工事などが不要で、多数のデバイスを迅速かつ低コストに設置できるというメリットがあります。

■「MQTT」の使用事例

　「MQTT」は、広範に社会的なインフラの管理に活用できます。

　たとえば、全長1万キロを越えるような油のパイプラインを考えてみると、膨大な数のセンサ類を設置して、「温度」「流量」「圧力」などの情報をリアルタイムで監視する必要があります。

　急激な温度上昇は火災の発生を示しているかもしれません。

　また、圧力の低下が起これば、パイプの破損による油漏れの可能性があります。

[1-2]「IoT」と「ネットワーク」

といったように、こうした設備では、小さなトラブルが大事故につながりかねません。

問題が起こった瞬間にその情報を検知し、該当箇所の供給弁を閉じるなど、即座に対応情報を送信できれば、トラブルに対処できます。

＊

また、「MQTT」は医療分野でも活躍します。

体温、脈拍、呼吸数など、個々の患者の情報をサーバに送信し、病院のクライアントから監視。患者に何か問題が起これば、即座に適切な治療ができます。

＊

交通分野では、たとえばエアバッグの作動を検知した瞬間に、付近を走行するクルマに事故の情報を一斉配信して、注意を促すような情報配信ができます。

Connected City（IBMの資料より）

第1章 「IoT」の概要

■「MQTT」の特徴
●軽量
「MQTT」は、暗号化通信に対応した「Publish/Subscribe型」の軽量プロトコルです。

　特定のメッセージを受け取りたいクライアントを「サブスクライバー」と呼びます。
　データを発行するのは「パブリッシャー」です。

　そして両者は、情報を管理するサーバ「Pub/Subブローカー」を通じて、データを送受信します。
　クライアントは発行されるデータから必要なものを選択して受信できます。

*

　「MQTT」のプロトコルは、低帯域幅で運用することを想定して設計されています。
　固定長ヘッダの長さは2バイトなので、ネットワーク帯域を無駄なく効率的に使えます。

　「MQTT」はインターネットの基幹となる「TCP/IP」を介して稼働します。

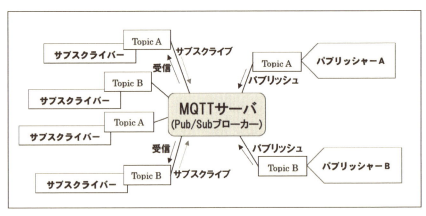

「Publish/Subscribe型」メッセージ通信

[1-2] 「IoT」と「ネットワーク」

●セキュリティ

「MQTTサーバ」への接続時にユーザー名とパスワードを必要とするように設定できますが、パスワードは平文で送信されます。

そこで、「TLS」(Transport Layer Security)を使ってセキュリティを確保します。

●多様な接続形態に対応

「MQTT」は、各種センサーデバイスとの送受信や、多数ユーザーに対するメッセージの一斉配信などに適しています。

単一のデバイスの情報を多数のクライアントに配信する、あるいは、多数のデバイスの情報を多数のクライアントに配信するなど、多様な配信方法に、柔軟に対応できます。

●不安定な通信環境への対応

停電や電波障害など、何らかの原因で通信が一時的に切断された場合でも、再接続したときに中断したデータを受け取ることができます。

■3種類のサービス品質

「MQTT」には、3種類のデータ送信のサービス品質(QoS)があり、目的に合わせて設定できます。

・QoS 0：最高1回(At most once)

データをベストエフォート(最善努力)で送信します。

ベストエフォートでは、能力を超えた処理を保証しないので、データ損失が発生する場合があります。

たとえば、継続的に環境データを収集するような場合など、データの一部が欠けても、前後のデータがあれば問題無いようなサービスで使います。

21

第1章 「IoT」の概要

・QoS 1：最低1回(At least once)

　メッセージの送信を保証しますが、情報が重複する場合があります。

・QoS 2：正確に1回 (Exactly once)

　メッセージを正確に1回送信します。

　これは、課金を伴うサービスの提供などのシステムで使います。

　電力料金など、使用量で課金するようなサービスで、課金の超過や漏れが発生しないように運用できます。

■トピック

　「トピック」(Topic)は、パブリッシュされる情報チャネルを識別するための文字列です。

　「サブスクライバー」は、「トピック名」を指定して、目的の情報チャネルを受信します。

　「トピック」の指定には、「完全一致」「前方一致」「部分一致」の3種類の方法があります。

　たとえば、「トピック名」は、次のようなディレクトリ(階層)構造になっていて、スラッシュ「/」で区切ります。

〔例〕tokyo/yotuya/room/tenperature

　「トピック名」は次のように指定します。

・完全一致

　指定したトピックに一致した情報をサブスクライブします。

・前方一致

　トピック名に「#」を付けると、「前方一致」の情報をサブスクライブします。

　「tokyo/yotuya/#」にサブスクライブした場合には、「tokyo/yotuya/」以下のメッセージをすべて受信します。

22

[1-2] 「IoT」と「ネットワーク」

・部分一致

「+」を付けた場合は、1つのトピックレベルのみを受信します。

「tokyo/yotuya/+ 」は、「tokyo/yotuya/room/+」を受信しますが、「tokyo/yotuya/room/tenperature」は受信しません。

「+」は、トピックツリー内に入れることもできます。

```
tokyo/yotuya/+/tenperature
```

■主なMQTTソリューション
●IBM MessageSight

IBMは、『「IBM MessageSight」は、膨大な数の接続と大量のメッセージ集配信を可能にするメッセージング専用のアプライアンス』と説明しています。

アプライアンスとは特定の用途に最適化された機器やコンピュータのこと。「M2M」のゲートウェイとして、「MQTT」プロトコルによるPublish/Subscribe型のメッセージングモデルをサポートします。

1台の「MessageSight」で、100万台の接続に対応し、1000万件/秒以上のメッセージ配信処理を行なえます。

■sango

ゼロからMQTTサーバを構築するのは大変ですが、「sango」なら手軽にはじめることができます。

「sango」は、時雨堂(しぐれどう)が開発したMQTTサーバを安価な料金で利用できるサービスで、「ライトプラン」は無料で使えます。

ただし、サービス品質は「QoS 0」のみ対応しています。

月額500円の「スタンダードプラン」では、「QoS 0、1、2」に対応し、TLS接続も可能です。

23

第1章 「IoT」の概要

なお、「sango」の利用には「GitHub」のアカウントが必要になります。

※「GitHub」は、ソフト開発プロジェクトの共有をWeb上で管理できるサービス。

1-3 「IoT」で実現すること

さて、世の中に「IoT」が普及したとして、私達の生活にどのようなメリットがあるのか、いくつかの代表例を紹介していきましょう。

ライフログの取得や、他の機器との情報連携

すでに製品化が進んでいる「IoT」の例としては、リアルタイムで所在地をネットにアップし続ける、GPSを使ったスマートフォンのアプリがあります。

GPS機能を使ったライフロガーのアプリを使うと、速度で移動手段などを自動判別してくれる

[1-3]「IoT」で実現すること

　ジョギングやウォーキング、心拍数や消費カロリーの記録を行なうフィットネス用ガジェットなども、代表的な「IoT」の実現例です。

リストバンドや時計でフィットネスの記録ができる「fitbit」

　また、Apple社の「Apple Watch」は、他の関連機器（iPhone）と相互に情報をやり取りし、連携できることから、これも「IoT」のひとつだと言えそうです。

iPhoneと情報のやり取りを行なう「Apple Watch」

第1章 「IoT」の概要

スマートグリッド

「スマートグリッド」は、「通信と制御の機能を付加した電力網」を意味します。

企業や工場、各家庭などの電力使用状況や、環境状況などを細かくモニタリングし、最適な電力需給バランスを実現するための技術と言えます。

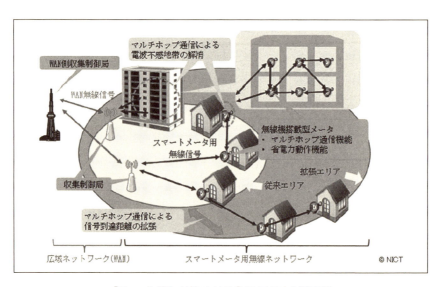

「スマートグリッド」における「Wi-SUN」の活用例
各戸から「Wi-SUN」で電力会社の基地局（アンテナ）と無線通信を行なう。「マルチポップ通信」により、1つの基地局で広いエリアをカバー可能になる（NICTプレス・リリースより）

スマートハウス

「スマートハウス」は、家庭内の家電や設備機器をネットワークで接続し、最適な制御をする技術です。

近年は「スマートグリッド」と併せて、家庭内のエネルギーを最適に制御する住宅技術としても注目を集めています。

「スマートハウス」では、次世代電力量計「スマートメーター」(後述)や宅内エネルギー管理システム「HEMS」(後述)によって、家庭内のあらゆる機器の監視制御を行ないます。

[1-3]「IoT」で実現すること

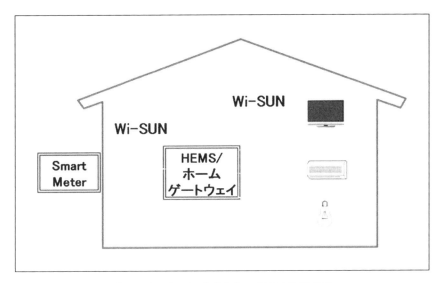

「スマートハウス」における「Wi-SUN」の活用例
宅内の各種家電やセンサと「HEMSホームゲートウェイ」が「Wi-SUN」で接続され、そこから「スマートメーター」にも「Wi-SUN」で接続される（NICTプレス・リリースより）

※スマートメーター
　デジタルで消費電力を計測し、通信機能を併せもつ次世代の電力量計。「スマートグリッド」の要となるもの。
　家電機器と連携することで、最適な電力消費状態をコントロールし、電力消費のピークカットなど、効率的なエネルギー利用についても期待されている。

※HEMS
　宅内のエネルギー使用状況を監視し、最適な運用を行なうシステムの総称。
　「HEMS」アプリケーション用標準通信プロトコルとして、「エコーネットコンソーシアム」が策定した国際標準規格「ECHONET Lite」があり、日本国内での標準プロトコルとして推奨されている。
　「Wi-SUN」や「ZigBee」は、「ECHONET Lite」を支えるネットワークの役割を担う。

　具体的な例としては、家の各部屋に複数の「温度センサ」を配置して、その数値をリアルタイムでネットにアップロードして記録できれば、冷暖房の効率を知ることができます。

　さらに、その「温度センサ」の数値に合わせて装置の出力を制御するプログラムを自作すれば、冷暖房をインテリジェントに、複数メーカーの機器を

27

第1章 「IoT」の概要

組み合わせても、自動制御できるでしょう。

　調理器具でも同様で、オーブンや鍋の内部に熱電対を好きなだけ配置してその温度を記録し、レシピに紐づけることができれば、オリジナルのレシピを作りや、精度の高いブラッシュアップが可能になります。

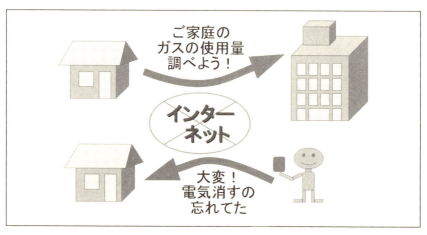

ライフラインの情報を取得したり、IoT機器の遠隔操作なども可能に

家庭で使うエネルギーの可視化や制御は、「スマートハウス」の分野で、さまざまな企業が研究している（http://www.toyotahome.co.jp/smarthouse/）

[1-3]「IoT」で実現すること

さまざまなデータの収集管理

　自動車に「IoT」が搭載されれば、より詳細な交通情報が提示できるようになり、自動車同士の通信による事故防止なども実現するでしょう。

　この他にも、
・気象データの収集や分析のためのネットワーク。
・災害防止のための監視ネットワークなど大規模で広範囲なデータ収集。
などにも、「IoT」は適しているとされています。
　また、工場などにおけるさまざまな管理や、病院などでの備品薬品管理など、これまで人と手間をかけてきた管理業務を効率化する技術としても期待されています。

　「IoT」とは、これまでデータ収集するのも困難だったさまざまな事柄についてのデータ収拾と管理を可能にし、より効率的で充実したサービスを提供するための技術、と言えるでしょう。

MEMO

第1章 「IoT」の概要

1-4 「IoT」の未来像

「IoT」のもつ応用範囲

　任意の数のセンサの値をネットにアップロードでき、その値から任意の演算をして、それに応じた制御をネット経由で行なうことができる――「IoT」の本質は、ただそれだけです。

　しかし、応用の範囲とポテンシャルは、計り知れないものがあります。

＊

　たとえば、「家庭菜園」において、温度と湿度、太陽の照度に応じて、冷暖房や水やり、換気や人工照明などをプログラム制御できたなら、野菜の出来映えを自在にコントロールすることも可能でしょう。

IoTを使った農業は、「スマートアグリ」と言う名前で知られている
写真はオランダで「スマートアグリ」を大規模に進めている「アグリポートA7」の農園の様子（http://japan-jp.nlembassy.org/）

30

[1-4] 「IoT」の未来像

*

これまで中央で一元的に行なってきた制御も、デバイス自体に「通信制御機構」をもたせて、ネットから個別制御するようになれば、柔軟性も大きく変わってきます。

その変化は、たとえば「オーディオ」であれば、パワーアンプの出力をパッシブなスピーカーにつないでいたところから、プリアンプの信号出力をアンプ内蔵のパワードスピーカーにつなぐように変更したのと似ています。

「スピーカー」の例をそのまま用いるなら、個別のスピーカーに「通信機能」をもたせて、それぞれの「再生する信号」と「音量」を、位相レベルで細かく制御することすら可能になるということです。

「ホームシアター」であれば、現在「6.1チャンネル」を7台のスピーカーに単純に割り当てて来た再生システムを、クラウドベースの潤沢な演算能力を用いて、ソースのチャンネル数を問わず数十台の「IoTスピーカー」に割り当てて再生させるといったことも可能です。

また、その再生状態を部屋中に配置した超小型の「IoTマイク」でモニタして最適化したり、部屋の外への音漏れが最小限になるように、「ノイズキャンセリング技術」を使ってコントロールすることもできるでしょう。

*

大量のセンサからのデータを、リアルタイムの高速演算で処理し、それに基づくフィードバック制御を大量のデバイスに対して行なうことができれば、現在の常識を超えた現実を生み出すことが可能になります。

たとえば、IoT化した「LED発光ユニット」を縦に1080個、横に1920列並べて、フルHD映像を再生させることも不可能ではありません。

第1章 「IoT」の概要

フルHDの映像をIoTの技術で表現できるかもしれない

　この「IoT発光ユニット」によるHDテレビの実装の面白いところは、各ユニットは「任意のRGB値で光る」という機能しかもっていない、という点にあります。

　「IoT」の世界では、センサやデバイスの1つ1つは単機能でよく、それを無数に組み合わせて配置することで、多様な機能を発揮させることが可能になります。

すべてのモノが、プログラムできる未来

　こうした「IoT」のもたらすパラダイム・シフトとは、単純なハードで高度な機能を実現できるとも言えますし、あらゆるハードをプログラマブルに変えるとも言えます。

　「炊飯器」ひとつにしても、もしヒーター出力をGUIで自在にプログラムでき、同時に釜の内部温度を緻密かつ立体的に3D映像で知ることが可能なものだと考えてみてください。
　そうなれば、もはや米を炊くためだけの道具ではなく、「スロークッカー」にもなれば、「オーブン」にもなり得ます。

[1-4]「IoT」の未来像

　また、もしも「IoT」の「温度センサ」の情報を（セキュリティ上問題ない範囲にせよ）、ネットで共有するならば、膨大な量のデータ、まさに「超ビッグデータ」が得られて、気象予報や気象現象そのものの解析などの精度も、飛躍的に向上するはずです。

　こうした「ビッグデータ」の利用と解析は、たとえば自動車の「車速センサ」のデータから、渋滞状況をリアルタイムで検知して公開するといった形ですでに始まっています。

カーナビにリアルタイムで渋滞や交通規制の情報を
提供する「VICS」(http://www.vics.or.jp)

＊

　「IoT」のもたらす変化は、従来では考えることもできなかったほどの巨大な「センサ・ネットワーク」の出現や、「超ビッグデータ」活用の時代の到来にもつながるはずです。

第2章

「センサ」と「IoT」

「IoT」に欠かせない部品の一つが「センサ」です。
「自動車」や「航空機」などの大がかりな機械だけではなく、最近では身近になった「スマホ」にも、さまざまな「センサ」が使われています。

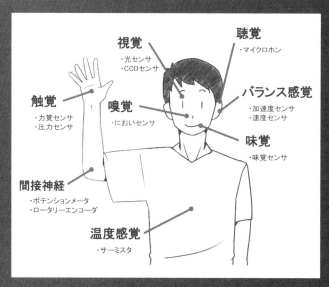

人間の「センス（感覚）」と「センサ」の対応

第2章 「センサ」と「IoT」

2-1 「センサ」とは

「センサ」とは何か

　「センサ」とは、自然現象や人工物のさまざまな「状態」(物理的現象)や「情報」(空間や時間)を、科学的原理を応用して読み取り、人間や機械が扱いやすい形に置き換えるものです。

　「センサ」と呼ばれるものの適応範囲は、かなり広いと言えます。
　基本的には、入力信号を何らかの形で観測信号へ変換するものは、すべて「センサ」と言っても差し支えないでしょう。

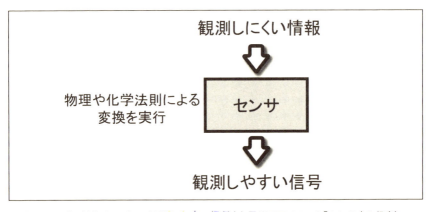

観測しにくい情報を入力し、観測しやすい信号として出力するのが「センサ」の役割。

＊

　さらに、「センサ」と呼ばれるものを観測方法によって大別すると、大きく次の3つに分けることができます。

①「センサ」が変換した物理量を人間が直接判読するタイプ

　代表例は「水銀温度計」です。
　温度によって膨張した水銀を直接判読することで、現在の温度を知ることができます。

[2-1]「センサ」とは

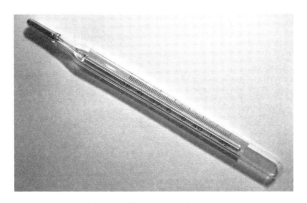

水銀温度計も「センサ」のひとつ

②「センサ」が変換した物理量を、人間が判読しやすい形式に変換するタイプ

私達が一般的にすぐ思いつく「センサ」がこのタイプに当たります。

情報を、いったん電気信号に変換し、ディスプレイや目盛りといったより分かりやすい表示に変換します。

身近な例では、「電力計」などが挙げられます。

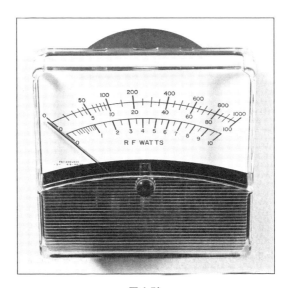

電力計

37

第2章 「センサ」と「IoT」

③「センサ」が変換した物理量を人間が判読しないタイプ

「センサ」の情報をいったん電気信号に変換するものの、人間に分かりやすい表示に変換する機能はもたないタイプです。

さまざまな電気機器に組み込まれ、そのシステム制御のために用いられるものです。

＊

以上のように「センサ」とは、「水銀温度計」のような超アナログなものから、精密機器に組み込まれる「MEMSセンサ」まで、すべてを含む言葉と言えます。

これらのタイプの中で、「IoT」の要とも言えるのは、基本的に③のことになります。

そこで、以後はこの「センサ」について、話題を集中していきましょう。

人間の「センス」(感覚)と「センサ」を比べる

「センサ」と呼ばれるものの適応範囲は広く、どのような「センサ」があるか、ちょっと考えただけでもかなりの種類の「センサ」が思い浮かびます。

そこで、ここでは「センサ」について整理するため、私達人間の「センス」(感覚)に例えて、どのような「センサ」があるか見ていくことにしましょう。

＊

人間にはいわゆる「五感」に代表されるさまざまな「感覚器官」が備わっており、これは人間に備わる「センサ」と言っても間違いありません。

そして、その人間の「感覚器官」に相当する働きをもつ各種「センサ」が存在し、「感覚器官」と「センサ」を対応して見ることができます。

自分自身の身体の感覚から直接対応させることで、どのような働きをもつ「センサ」なのか分かりやすくなると思います。

＊

また、そのような「感覚」に対応した「センサ」を用いて、人間の感覚を拡張することも不可能ではありません。

では、人間の感覚がどのような「センサ」に相当するのか、見ていきましょう。

38

[2-1]「センサ」とは

■視覚

「視覚」に対応する最も単純な「センサ」は「光センサ」です。

より高度なものでは「CCDセンサ」などの「イメージ・センサ」が挙げられます。

「赤外線センサ」など、人間の「視覚」では捉えられない光を見るための「センサ」もあります。

焦電型赤外線センサ（村田製作所）

■聴覚

「聴覚」に対応する「センサ」には「マイクロホン」が挙げられます。人間の可聴域を超えた「超音波センサ」という「センサ」もあります。

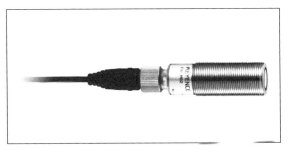

デジタル超音波センサ・ヘッド（キーエンス）

第2章 「センサ」と「IoT」

■触覚

「触覚」に対応する「センサ」には「力覚センサ」や「圧力センサ」が挙げられます。触れたことや、その強さを測ることができます。

その精度は高く、人間には負担の大きすぎる力の検出や、逆に感知できないくらい弱い力を高精度に検出することができます。

■嗅覚

「嗅覚」に対応するセンサとしては「においセンサ」が挙げられます。

ただ、特定のにおいについて高精度に測れる「においセンサ」は実用化されているものの、人間の「嗅覚」と同じ働きをする「においセンサ」はまだ研究段階です。

■味覚

「味覚」についても「味覚センサ」が対応するものの、「嗅覚」と同じく人間の感覚に相当する「味覚センサ」は研究段階です。

■バランス感覚

人間の「バランス感覚」は「三半規管」が担っていますが、同様の「センサ」として「加速度センサ」や「速度センサ」が挙げられます。

3軸加速度センサモジュール（秋月電子）

[2-1]「センサ」とは

■温度感覚

温度を感じる感覚に対応する「センサ」には「サーミスタ」などが挙げられます。

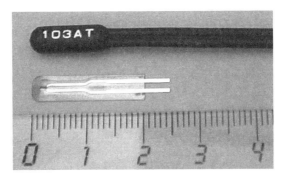

サーミスタ（共立エレショップ）

■間接神経

間接が今どれくらい曲がっているか感じ取る神経には、回転角度を検知する「ポテンションメータ」や「ロータリー・エンコーダ」などが該当します。

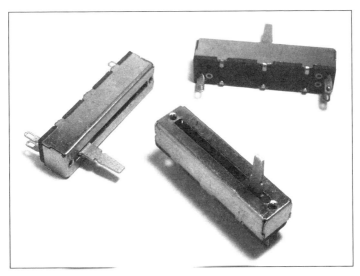

ポテンションメータ（リニア型）

第2章 「センサ」と「IoT」

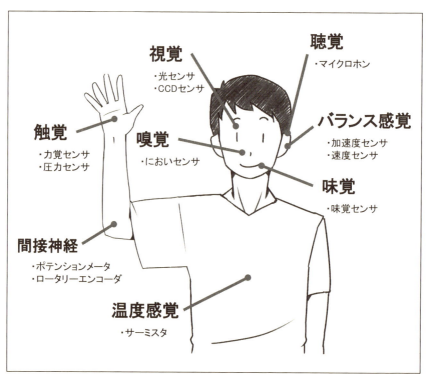

人間の「センス(感覚)」と「センサ」の対応

「センサ」の分類

　人間の感覚に当てはめて代表的な「センサ」をいくつか紹介してきましたが、当然ながら、この他にも人間の「感覚」には無いものを測定する「センサ」はたくさんあります。

　そして、これらの「センサ」は、検出する信号(現象)がどのような法則を使っているか、という観点で分類することができます。

　大まかな分類としては、「光」や「力」など物理量を対象とした「物理センサ」と、化学物質の種類や濃度などの化学量を対象とした「化学センサ」に分けられ、多くの「センサ」は「物理センサ」に属します。

*

[2-1] 「センサ」とは

では、「センサ」が対象とする現象にはどのようなものがあるか、見ていきましょう。

●物理量

・機械量

圧力や質量、位置、速度、加速度、音波など。

・熱

温度や熱量など。

・電磁波

電磁波の波長や強さ (照度)、偏光など。

・電気

電流や電圧、電力、抵抗など。

・磁気

磁気や磁束密度など。

●化学量

・化学

物質成分や濃度など。

ほとんどの項目が「物理センサ」が対象とする「物理量」だということが分かります。

そして「センサ」は、上に挙げた各現象について、物理法則や化学法則を用いることで観測しやすい別の形に変換します。

たとえば「機械量」の「圧力」は、「圧電効果」という「電気」の物理法則を用いて検出します。

また「熱」の検出ひとつを取っても「機械量」である「熱膨張」を利用した

43

第2章 「センサ」と「IoT」

り、「電気量」である「焦電効果」(赤外線センサなどで用いられる)を利用したりなど、さまざまな原理を用いて検出可能です。

*

このように、目的とする物理情報が同一であっても、検出原理としてさまざまな手段があります。

そのため、条件に適った最適な「センサ」を選び出すには、測定対象と「センサ」の性質や分類をよく知っておく必要があるというわけです。

「センサ」が使われる分野

誤解を恐れずに言うならば、"コンピュータを用いる分野では必ず「センサ」が用いられている"となるでしょうか。

「コンピュータ」の役割は、外部からの入力に対し何らかの処理を施して出力するというものです。

そして多くの場合、この"外部からの入力"には各種の「センサ」が用いられます。

身近なところで、「スマホ」には数多くの「センサ」が搭載されていることで有名です。

「スマホ」にはいわゆる「機械量」(「加速度」や「傾き」)を検出する「センサ」が数多く搭載され、それらをアプリケーションから制御可能なため、「センサ」を搭載する機器として広く認知されている存在と言えるでしょう。

また、同じくユーザーが制御するための「センサ」を搭載するものとしては「ロボット」も代表的な存在です。

*

この他にも私達が普段気にしないようなところでさまざまな「センサ」が活用されています。

たとえばパソコンの光学マウスには「光学センサ」が使われており、パソコン本体内には熱暴走を防ぐための「熱センサ」が備わっています。

44

[2-2]「センサ」の種類と仕組み

　空調機器には「熱センサ」が欠かせませんし、洗濯機には「回転センサ」が必要です。

　自動車はエンジンなどの制御のため「センサ」だらけと言っても過言ではありません。

　このように身の回りのものを始め、「センサ」が活用されている分野はいくらでもあります。
　どこにどのような「センサ」が用いられているのか想像してみたり、調べてみるのも面白いのではないでしょうか。

2-2 「センサ」の種類と仕組み

主なセンサの種類

　複雑な測定装置の中身も、たいていは基本的なセンサの組み合わせで作られています。
　まず、基本的なセンサにはどのようなものがあるのかを、見ていきましょう。

■機械量センサ

　物理量を計る機械量センサには、「加速度センサ」「歪みゲージ（ストレインゲージ）」「圧力センサ」などがあります。

■熱センサ

　物質の温度測定は、対象物に接触させて計るのが一般的です。
　主に温度変化による金属の抵抗値等の変化により、温度を測定します。

　「熱センサ」には、「サーミスタ」「測温抵抗体「熱電対」があります。
　非接触の温度計には「放射温度計」があります。「放射温度計」は、「赤外線」や「可視光線」の強度を基にして、離れた位置の温度を計ります。

45

第2章 「センサ」と「IoT」

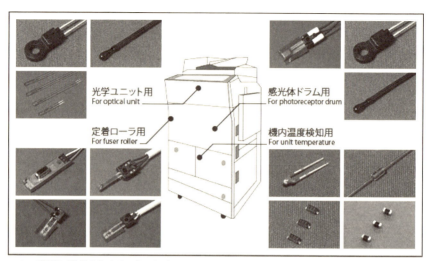

OA機器に搭載されるサーミスタ (http://www.semitec.co.jp/products/case1.html)

■光センサ

「光センサ」は、「光電効果」を利用するセンサです。

「光電効果」とは、物質に光を当てたときに電子の変化が起こる現象のこと。

「光電効果」には、「外部光電効果」と「内部光電効果」があります。

「外部光電効果」を利用するセンサには、「光電子倍増管」と「光電管」があります。

「内部光電効果」を利用するセンサには、「CdS」などの「光導電型センサ」と、「フォト・ダイオード」や「フォト・トランジスタ」などの「光起電型センサ」があります。

■電気/電界/磁気センサ

「電気センサ」は、「電流」「電圧」「電力」を測定します。

「電界(または電場)センサ」は、地球規模の電界や人体の微弱な電界など、幅広く使われます。

「磁気センサ」は、「コイル」や「半導体素子」などを使って磁場の強さや方向を計ります。

46

[2-2]「センサ」の種類と仕組み

■化学センサ

「化学センサ」は、溶媒中に含まれる化学物質を検知するセンサです。

空気中に含まれる「汚染物質の測定」「ガス漏れの検知」などを行ないます。

酵素による物質変化を測定する「バイオセンサ」もあります。

■変位センサ

「変位センサ」は、対象物の物理的な変化を検知して、センサと対象物の距離を計測します。

「変位センサ」では、「受光素子」を用いて三角測距を行なうものが多いです。

その他、「交流電流」を流したコイルをセンサに使う「リニア近接センサ」や、「超音波」の反射時間で測距する「超音波変位センサ」などがあります。

■レーザー・ドップラー計測器

動く物体の計測には、「レーザー光」を照射したときに起こる「ドップラー効果」を利用した測定器がよく使われます。

「レーザー・ドップラー計測器」には、物体表面の微細な変形を検知する振動計や、物体の移動速度を計る速度計などがあります。

「空気」や「水」など、透明の流体は光を反射しないので、計測できません。

透明の流体の流速を計る場合は、光を反射する物質を流し込んで、その物質の流速を計ります。

たとえば、風速の計測では、「タバコ」や「線香」などの煙を流し込み、煙の粒子の速度を計ります。

■回転速度センサ

「タコジェネレータ」は、回転速度に比例した「電圧」を出力する装置です。主に動力エンジンの回転数を計る、機械式の「タコメーター」で使われています。

「ロータリー・エンコーダ」は、回転を検知して、回転速度のデータを出力するセンサです。

47

第2章 「センサ」と「IoT」

　データ出力形式による分類では、回転中のみ回転角度の矩形パルスを出力する「インクリメンタル方式」と、回転の絶対位置をコード出力する「アブソリュート方式」があります。

　また、検出方式には、「光学式」「磁気式」「静電容量式」などがあります。

　「インクリメンタル方式」は、工作機械やロボットなどのサーボモータの「速度制御」や「位置制御」「回転数表示」などに使われます。構造が簡単で、比較的安価です。

　「アブソリュート方式」は、サーボモータの「位置制御」に使われます。構造が複雑で、比較的高価です。

■角速度センサ

　「ジャイロスコープ」(ジャイロセンサ)は、物体の「傾斜角」や「角速度」を計測するセンサです。

　飛行機や自動車などの輸送機器では、モーターで円盤を回転させる「スピニング・ジャイロ」や、光の干渉を利用する「光学式ジャイロ」が使われます。

　「デジカメ」や「スマホ」など、小型の機器では「振動ジャイロ」が使われます。

　その他、円筒形容器にガスを封入する「流体式ジャイロ」(ガスレート・ジャイロ)もあります。

■リニア・イメージ・センサ

　「リニア・イメージ・センサ」は、受光した1次元的な「画像情報」を順次出力するセンサで、「CMOSタイプ」と「CCDタイプ」があります。

　主に「イメージ・スキャナ」や「バーコードリーダ」で使われていますが、デジタルカメラの「測距・測光センサ」としても使われます。

　「リニア・イメージ・センサ」は「一次元イメージ・センサ」とも呼ばれ、1回の受光で線状の画像データしか得られません。

　このため、2次元画像データのスキャンが遅いという欠点があります。

[2-2]「センサ」の種類と仕組み

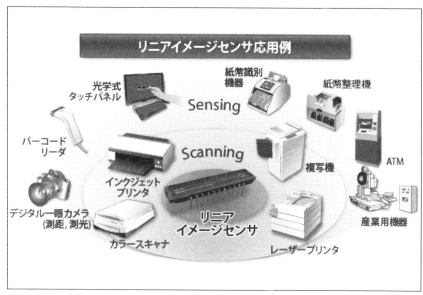

「リニア・イメージ・センサ」の応用例
(http://toshiba.semicon-storage.com/jp/product/sensor/linear-sensor.html)

■エリア・イメージ・センサ

「エリア・イメージ・センサ」は、「二次元イメージ・センサ」とも呼ばれます。平面上に並んだ「受光素子」から、「受光情報」を順次出力し、写真データを転送します。

エリア・イメージ・センサには、「CMOSタイプ」と「CCDタイプ」があります。

初期の「イメージ・センサ」は、「CCDはクリアな画像が撮れるが、高価」「CMOSはノイズが多い傾向だが、安価」と言われていました。

しかし、現在は、まったく状況が変わっています。
「CMOSセンサ」の製造技術は格段に進歩し、ハイエンドモデルの一眼レフカメラやビデオカメラにも「CMOS」が採用されています。むしろ普及モデルに「CCD」が採用されるといった状況になっています。

第2章 「センサ」と「IoT」

その他、「CCD」の「受光部」と、「CMOS」の「処理系」を組み合わせた「MOSセンサ」もあります。

■GPS

「GPS」(Global Positioning System、全地球測位網)は、GPS衛星の電波を受信して、位置情報を得るためのシステムです。

GPS衛星は元々、米国が軍事目的で打ち上げたものですが、現在では民間利用にも解放されています。

「カーナビ」や「スマホ」には、GPS電波を受信するモジュールが搭載され、現在位置の地図表示に利用されています。

「GPS」の精度は、およそ10m程度の誤差で位置を特定できます。

センサの仕組み

■「加速度センサ」の基本

「加速度センサ」の基本は、「慣性の法則」の利用です。

重り付きのバネの片側を固定した装置が加速を始めるとバネは伸縮し、重りは加速方向と逆に移動します。

その移動距離から加速度データが得られます。

■MEMS型加速度センサ

「MEMS」(Micro Electro Mechanical Systems、メムス)は、機械要素部品や電子回路を単一基板上に集積する技術です。

「MEMS」によって、半導体を使った超小型の「加速度センサ」が作れるようになりました。

「MEMS型加速度センサ」は、「静電容量検出方式」「ピエゾ抵抗方式」「熱検知方式」の3種に分類されます。

[2-2]「センサ」の種類と仕組み

・静電容量検出方式

　「静電容量型加速度センサ」は、加速度を静電容量の変化によって検知します。

　4つのバネに支えられた中央の可動部の周囲には、検出素子があります。

　基板上には、可動部の各素子を挟むように、2本組の素子があり、2本組の素子間を可動部の素子が動くことで静電容量変化が起こり、その変化から加速度を計測します。

　「静電容量型」では、素子部に「シリコン」や「ガラス」などの安定した物質を使うので、温度特性に優れているという特徴があります。

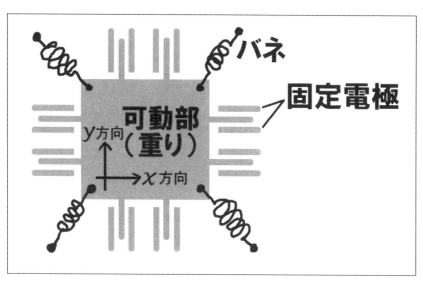

静電容量型加速度センサの構造

・ピエゾ抵抗方式

　「ピエゾ抵抗型加速度センサ」は、バネ部分に「ピエゾ抵抗素子」を取り付けて、素子の歪み(電圧の変化)を検知して加速度を計ります。

　一般に、物質の結晶に力を加えると、抵抗値が変化します。これを「ピエゾ効果」と呼びます。

51

第2章 「センサ」と「IoT」

　シリコンは応力による抵抗値の変化が大きいため、「ピエゾ抵抗素子」の素材として使われます。

　ちなみに「ピエゾ抵抗素子」は体重計にもよく使われます。
　また、自動車などの座席に人が着座したことを検知するセンサとしても使われます。これを映画館の座席に取り付ければ、観客数が瞬時に分かります。

・熱検知方式
　「熱検知型加速度センサ」では、ガスを充填した微少空間内に、4つの「温度センサ」を装備したチップを配置します。

　このチップは中央にヒーターをもち、ガスを加熱します。
　加速が生じると、微少空間内のガス分布が変動するため、「温度センサ」に電圧差が生じます。この電圧差から「加速度データ」が得られます。

　「熱検知型加速度センサ」は、バネなどの可動部がないので、衝撃に強く、壊れにくいという特徴があります。

■サーミスタ

　「サーミスタ」(感温抵抗器)は温度の変化により、抵抗値が大きく変化する抵抗体です。
　主に「温度センサ」として使われます。

●NTCサーミスタ

　「NTCサーミスタ」は、温度の上昇で抵抗値が減少する「サーミスタ」です。抵抗値は対数的に変化します。

●PTCサーミスタ

　「PTCサーミスタ」は、温度の上昇で抵抗値が増大する「サーミスタ」です。
　常温域の温度範囲では、ほぼ一定もしくはわずかに抵抗値が減少し、ある温度に達すると、急激な抵抗値の上昇を示します。

[2-2]「センサ」の種類と仕組み

　この急変点となる温度のことを「キュリー温度(Tc)」と呼びます。
　「キュリー温度」は、常温域の最小抵抗値の2倍となる温度と定義されています。

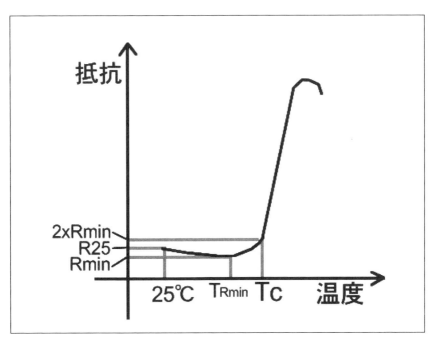

「PTCサーミスタ」の抵抗温度特性

■ホール素子

　「ホール素子」は、「電流センサ」や「磁界センサ」に使われます。
　電流の流れる物体に、垂直に磁場をかけると「ローレンツ力」が働き、「電流」と「磁場」の垂直方向に「荷電粒子」が移動して、物体内に「電位差」が生じます。
　この現象が「ホール効果」です。
　「ホール効果」による電位差で、「電流」や「磁界」の強さを計れます。

　「ホール素子」の素材には、電子移動度の大きな半導体が使われます。
　単体物質では、「Si」(シリコン)や「Ge」(ゲルマニウム)が使われ、化合物

53

第2章 「センサ」と「IoT」

では、「GaAs」(ガリウム砒素)、「InAs」(インジウム砒素)、「InSb」(アンチモン化インジウム単結晶)などが使われます。

■フォト・ダイオード

「フォト・ダイオード」は、光を当てると電圧を発生する受光素子です。

「フォト・ダイオード」の中には、見た目が「LED」(発光ダイオード)とそっくりなものもありますが、その働きは正反対になっています。

「PN結合」の半導体に順方向の電圧をかけると、「P」と「N」の接合面付近で「電子」と「正孔」(ホール)は再結合し、エネルギーを放出し、「LED」は、このエネルギーを光に変換します。

※「PN結合」とは、「P型半導体」と「N型半導体」を結合すること。

「フォト・ダイオード」では、LEDとは逆の反応が起こり、照射した光を吸収して電流が発生します。

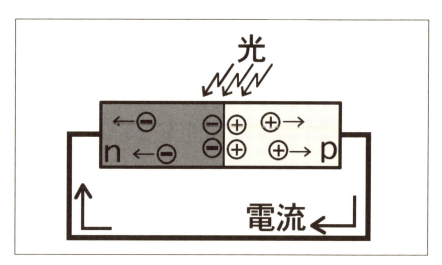

「フォト・ダイオード」の動作

54

[2-2]「センサ」の種類と仕組み

■可燃性ガス・センサ

「可燃性ガス」の漏れを検知する「ガス・センサ」は、安全を守る重要なセンサです。

可燃性ガス用の「ガス・センサ」には、「接触燃焼式」と「半導体式」があります。

「接触燃焼式」の「ガス・センサ」は、「白金線コイル」が「酸化触媒」に包まれた構造になっています。

漏れた「可燃性ガス」が「酸化触媒」に触れると、燃焼。燃焼はコイルの温度を上昇させ、コイルの抵抗値は上昇します。

この抵抗値による電圧の変化を「ブリッジ回路」で検知して、「ガス漏れ」を知らせます。

「半導体式」の「ガス・センサ」は、「センサ素子」の両端に電極を接続して、「センサ素子」の電圧変化でガス漏れを検知します。

「センサ素子」には、「酸化スズ」などの半導体微粒子を焼結したものが使われます。

「センサ素子」にガスが吸着すると、抵抗値が変化します。

■レーザー・ドップラー振動計

振動している物体に「レーザー光」を照射すると、その反射光はわずかに周波数が変化します。

「反射光」による「ドップラー周波数シフト」を「センサ・ユニット」内部の干渉計が検知して電気信号に変換し、振動の速度と変位を測定します。

「レーザー・ユニット」から発射したレーザー光は、半透明の分光版を通り、そのまま直進する光と「参照用ビーム」に分光されます。

「参照用ビーム」は直接、振動計内部の「光ディテクター」に照射し、対象物に当たって反射した光(戻り光)は「周波数」と「位相」が変化します。

「戻り光」は「光ディテクター」に照射され、「参照用ビーム」と干渉し合っ

55

第2章 「センサ」と「IoT」

て重なります。
　この重なった光を電気信号に変換し、対象物の「振動数」と「変位」を測定します。

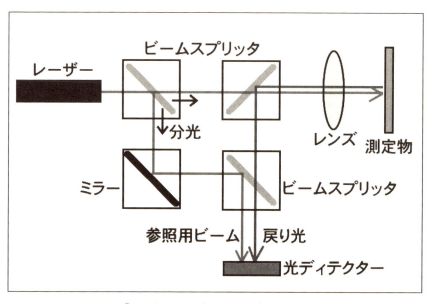

「レーザー・ドップラー振動計」の仕組み

■ロータリー・エンコーダ
●インクリメンタル方式

　「インクリメンタル方式」の「ロータリー・エンコーダ」は、「回転盤」「固定スリット盤」「2個のLED」「2個のフォト・トランジスタ」から構成されます。

　「回転盤」には、一定角度ごとに「スリット」(切り欠き穴)が開けられています。
　円周上のスリットが多いほど、1回転あたりのパルス数が多くなり、回転計測の分解能は高くなります。

　「固定スリット盤」には、「A相スリット」と「B相スリット」があります。

[2-2]「センサ」の種類と仕組み

　「回転盤」が回転し、「回転盤」のスリットと「固定スリット盤」のスリットが重なったときに、LEDの光が通過して、「フォト・トランジスタ」が受光し、「パルス」が発生。

　「固定スリット盤」の2組のスリットにより、位相のズレた2つのパルスが得られます。

　「回転板」が「正転」(時計回り)から「逆転」(反時計回り)に変わると、「A相」と「B相」のパルスも反対のタイミングでパルスが出力されます。

　「固定スリット盤」のスリットが1組のみの場合には、どちらに回転しているのか判別できませんが、「A相」「B相」の2組のスリットを設けることにより、回転方向を検出できます。

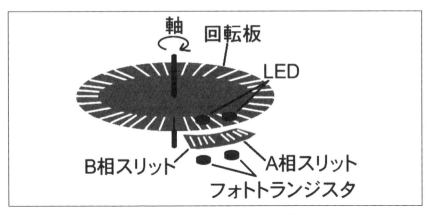

「インクリメンタル方式ロータリー・エンコーダ」の仕組み

● アブソリュート方式

　「アブソリュート方式」の「ロータリー・エンコーダ」は、「回転盤」の同心円上に複数のスリットトラックがあります。

　「固定スリット盤」には、各トラックに対応したスリットがあり、「トラック数」と同数の「LED」と「フォト・トランジスタ」が取り付けられています。

　各トラックは位相が異なっていて、それぞれの「位置情報」の絶対値を取得できます。

57

第2章 「センサ」と「IoT」

■GPS

電波の速度は、光と同じ約30万km/s。「GPS」は、電波が一定速度で進むという性質を利用して測位します。

位置データには、「緯度」「経度」「高度」の3つの値が必要なので、3基以上の「GPS衛星」からの電波を受信し、各電波の到達時間差から、位置情報が得られます。

電波の時間差を計るには、正確な時刻データが必要なので、測位には4基以上の衛星電波を受信するのが一般的です。

GPS衛星には、「原子時計」が搭載されていて、時刻を含めたデータを送信しています。

「原子時計」は、精度の低いものでも3000年に1秒程度の誤差で動きます。

次世代「タッチ・センサ」技術

ボタンに触れるだけでスイッチ操作できる「タッチ・センサ」には、「抵抗膜式」や「赤外線式」など、いろいろ方式がありますが、「静電式」のセンサがよく使われます。

「静電式センサ」は、指などの導電体が近づくことによって、起こる静電容量の変化を検知します。

一般的な「タッチ・センサ」は、スイッチのオン/オフを制御するだけのものが多いですが、人間の接触方法の違いを検知する「タッチ・センサ」が開発され、実用段階に入っています。

その中で一歩抜きん出ているのが、「ディズニー・リサーチ」(ウォルト・ディズニーの開発部門)が開発している、次世代「タッチ・センサ」技術「Touche」(トゥーシェ)です。

http://www.disneyresearch.com/project/touche-touch-and-gesture-sensing-for-the-real-world/

[2-2]「センサ」の種類と仕組み

*

「Touche」は、人間行動のさまざまなシーンを想定していますが、やはり重要なのは手の動きです。

たとえば、ドアノブ型の「タッチ・センサ」では、「触る」「つまむ」「握る」などの接触方法の違いを識別できます。

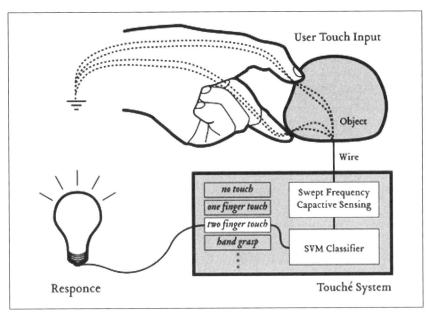

「Touche」のイメージ

スマホ型のデバイスを想定した「タッチ・センサ」では、触っている指の本数や指の種類など、指の接触状態を細かく検知できます。

また、筐体の表だけでなく裏にもセンサを装備させると、「スマホを挟むようにつまむ」など、より多様な接触状態を検知できます。

こうした機能により、スマホの触り方から、ユーザーが何をしたいかを検知して、必要なアプリを自動的に起動するような動作を設定できます。

第2章 「センサ」と「IoT」

2-3 「センサ」のある機器

スマホに使われているセンサ

　近年は「センサ」そのものが半導体化され、小型化されることもあり、その「センサ」を必要とする機器のサイズをコンパクトにすることが可能になりました。

　安全性や機能を損なわずに小型なケースに収まる製品も生まれつつあります。

　スマートフォンはそういった製品の筆頭であり、その中には数多くの微細な「センサ」が組み込まれています。

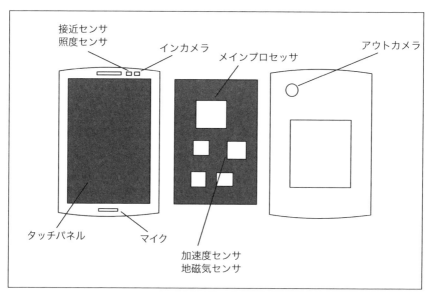

スマホは、「センサ」の塊となっている

[2-3]「センサ」のある機器

■**接近センサ／照度センサ**

スマートフォンの表面にあるのが「接近センサ」と「照度センサ」です。

「接近センサ」は、スマートフォンを電話として利用する場合に「顔」が近づいたことを検知するもので、顔と画面が一定以上の距離に近づくと、表示されている画面が消え、操作が無効になります。

これによって、タッチパネルの入力など、通話中の誤動作を防ぎます。

＊

また、「接近センサ」と類似した技術として「照度センサ」があります。

こちらは、画面の周辺の光の明るさを検知してその値をプロセッサに伝えます。

その値を元、液晶画面の明るさを自動的に低くすることで、バックライトの電力消費を低下させることができます。

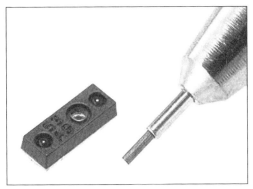

シャープの開発した「照度センサ」「ジェスチャーセンサ」「近接センサ」の統合チップ

■**インカメラ**

スマートフォンには、「イメージ・センサ」がメインの画面と同じ面にもあり、「インカメラ」と呼ばれています。

「インカメラ」もデジタルカメラと同じ「イメージ・センサ」のひとつですが、後述する「アウトカメラ」に比べて、取得できるイメージの解像度が低い

第2章　「センサ」と「IoT」

のが特徴です。

スマートフォンでは、ユーザー自身を撮影したり、映像で会話ができる
メッセンジャーアプリなどで、相手を画面で確認しながらユーザーの映像
を相手に送ることができます。

■タッチパネル

現在のスマートフォンの入力方式で欠かせないものとなっているのが、
「タッチ入力」です。

画面の任意の点をタッチすることで座標を取得するものですが、液晶パ
ネルそのものにはセンサがなく、液晶の上に透明のセンサパネルを貼付け
ることによって実現しています。

＊

「タッチパネル」がタッチを検出する方式は複数ありますが、スマート
フォンでいま主流となっているのは、複数の指を同時に検知できる「静電容
量方式」です。

この方式では、人の指が近づくことで「静電容量」が変化するパネルを使
い、指が触れた位置を検出します。

この方式の欠点は、手袋などを使った場合に、パネルと指が電気的に絶縁
された状態では反応しないということと、水滴や汚れによって誤動作する
場合があるということです。

■マイク

「マイクロフォン」の略で、「音声」つまり空気の振動を電気信号に変換す
ることで、プロセッサに入力ができる状態にするセンサです。

スマートフォンでは、通話をするときに人の声をプロセッサに取り込む
ために使われます。

[2-3] 「センサ」のある機器

　従来は空気の振動をセンサに伝えるために「マイク」や「スピーカー」につながる穴を筐体に開けていましたが、現在では防水機能を実現するために、表面の振動を検出するようなマイクも使われています。

■メインプロセッサ

　プロセッサには、内部の温度を検知する機能が備わっています。

　スマートフォンなどでは、プロセッサから発生する放熱に対応する必要がありますが、小型化と高性能化が同時に行なわれているため、電力を消費する処理を繰り返すとプロセッサの温度が上昇します。

　温度が一定以上になると、ハードの故障、または接触による火傷の危険性が生じるため、温度を監視して、処理の強制的なシャットダウンなどを行ないます。

■GPS ／加速度センサ／地磁気センサ

　スマートフォンで便利な地図機能を支えているセンサとして、「GPS」や「地磁気センサ」「加速度センサ」があります。

　「GPS」は、複数の衛星から時刻情報を得て、その差分を計算することによって今のスマートフォンが地球上のどこにあるか位置情報を知ります。

　「地磁気センサ」は、「コンパス」と同じで、地球の微弱な地磁気を検出することによってスマートフォンが現在向いている方角を検出します。

　「加速度センサ」は、スマートフォンが今どちらの方向に向かって動いているかを知ることができます。

*

　これらのセンサを駆使することで、スマートフォンは現在の位置や、これから向かう場所をナビゲーションすることができるようになります。

63

第2章 「センサ」と「IoT」

■**アウトカメラ**

　メインの画面とは反対側に搭載されているのが、「アウトカメラ」です。

　通常、スマートフォンに搭載されている「カメラ」というと、こちらのほうを示します。

＊

　スマートフォンでは、ネットと連携して撮影した画像をすぐにSNSなどへアップロードできるため、カメラ機能によってどのような画像が得られるかはユーザーにとって重視されるポイントになります。

　そのため、高画質なカメラの搭載がセールスポイントになっているものも少なくなく、より高性能な「イメージ・センサ」が搭載されることも少なくありません。

＊

　「アウトカメラ」は、「インカメラ」よりも高性能な「イメージ・センサ」をベースに、「フォーカス機能」「光学手ぶれ補正機能」などが搭載されている場合もあり、デジタルカメラに近い高画質な撮影機能を実現しています。

「iPhone6」のアウトカメラ

「ロボット」に使われているセンサ

　「ロボット」というものは、さまざまなタイプがありますが、人の形状に近づけば近づくほど、高性能な「センサ」を数多く搭載する必要があります。

[2-3]「センサ」のある機器

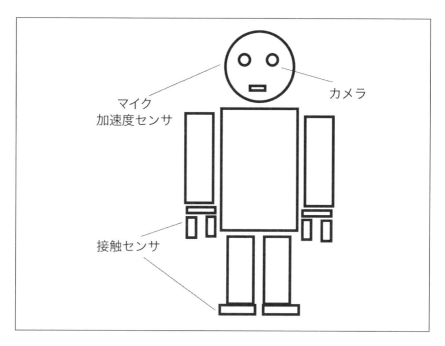

人間に近ければ近いほど多くのセンサが必要になる

■カメラ

ロボットにとってカメラは空間を認識したり、近づいてくる物体を認識するためにあります。

目の前にあると思われる画像が人であれば、顔の特徴点を検出し、データベースから人物を特定し、会話を始めるといった動作を行なうことができます。

人間の目と同じように、2つのカメラを利用した場合、その物体までの距離の検知などができるようになります。

■マイク

「マイク」は、周辺の「環境音」を入力したり、人が発する「言葉」の内容を音声認識を行なってプログラムに反映するために利用できます。

第2章 「センサ」と「IoT」

プログラムの内容によっては「言葉」を命令として受け取っての動作や、会話などを行ないます。

これも人間の耳と同じように、2つの「マイク」を利用することで、音が発生した方向を認識することができるようになります。

■加速度センサ

ロボットが動作をする場合、人間の「三半規管」と同じくバランスを検知するセンサが必要になります。

「重力」を検知して、地面の方向を確認する事や、どのような出力をすれば平行かつ安定した状態に戻るのかという出力に対するフィードバックとして使われます。

■接触センサ

人間が物体を触ったときに加減できるのは手に「感触」というセンサがあり、接触したというフィードバックという感覚があるためです。

人が行なうような微細な動きを実現するためには、より高精度な「接触センサ」が必要になります。

より高度なプロセッサとセンサが搭載されれば、力を加減してガラスのコップを握るといった事もできるようになります。

また、足に関しても同じように歩く場合、接触を感知して地面を認識するセンサが必要になります。

「センサ」が使われている家電

一般的な家電製品にも多くの「センサ」が使われています。

利便性の向上や安全性の確保など、多くの家電製品にとって、「センサ」は切り離せない存在になっています。

家電製品には、さまざまな「センサ」が付いていて、機種によっても異なる

[2-3]「センサ」のある機器

ので、ここでは一部の「センサ」を紹介します。

■電子レンジ

ドアの開閉を検出するセンサがあり、開いた場合には、「マイクロ波」の出力を停止します。

また、テーブルの「重量」を検出するセンサがあり、重さによって自動的に調理時間を変更するという機能があります。

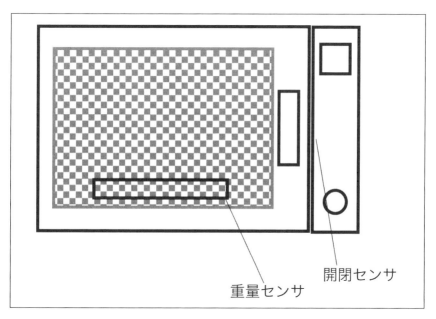

トビラを開く瞬間にマイクロ波が停止する

オーブンレンジ機能を持つ場合、内部の温度を検出して注意を促すものもあります。

■洗濯機

洗濯機もマイコンを搭載していて、プログラムによって動作を行います。

単純な仕組みの洗濯機にも、センサは搭載されています。

たとえば、ふたの開閉を検知するセンサです。

第2章 「センサ」と「IoT」

　開いたまま高速回転すると中身が飛び出して危険なので、回転時に検出するようにプログラムされています。

　また、「水位センサ」も搭載されています。給水時に水位を検出することによって適切な水位で自動的に給水を停止します。

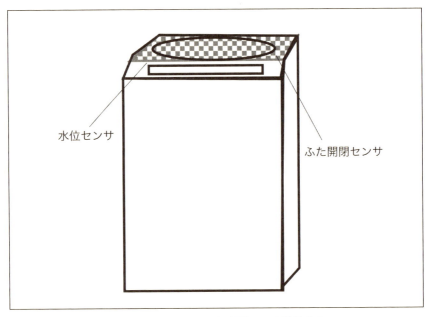

ふたが閉まっていることを確認してから動作する

■冷蔵庫

　冷蔵庫のような単純な機能しか無いような製品であっても、マイコンは欠かせない存在になっています。

　「温度センサ」によって、冷蔵庫内の温度を検出し、設定温度に保つように冷却装置のオンとオフを繰り返します。

　また、扉開閉センサによって一定時間開いたままにすると警告音が鳴るものもあります。

[2-3]「センサ」のある機器

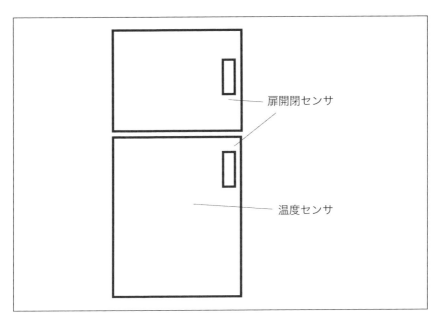

「温度センサ」によって冷却機能を管理する

■**テレビ／ビデオ**

　テレビは「赤外線センサ」によってリモコンからの信号を受信して、チャンネルを変更します。

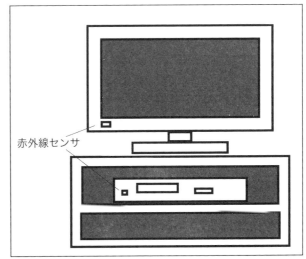

さまざまな機能が増えたためリモコンでしかコントロールできない機能もある

69

第2章 「センサ」と「IoT」

　「赤外線センサ」は、光の届く範囲で信号を受信するという制限があるため、操作を行なうには、リモコンの発光部分を操作する機器に向ける必要があります。

　信号内容はメーカーによって異なり、異なるメーカーであれば複数の機器を同時に使うことができます。
　リモコンによってはID変更が可能で、同じメーカーの同じ機器を使い回すことができます。

■エアコン
　テレビと同じく「赤外線センサ」が搭載されています。
　エアコンの場合、リモコン側にマイコンがあり、各種設定をまとめて一度に送る方法なので、信号全体が長く、一般的な学習リモコンでは記録できない場合があります。

　また、冷蔵庫と同じように「温度センサ」があり、温度の調節を行ないます。
　他にも、「人感センサ」によって、人のいる部分の温度を調節する機能がついている製品もあります。

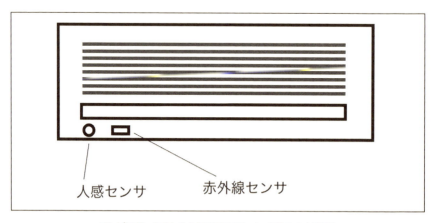

テレビに比べて大きな情報をリモコンで送るのが特徴

[2-3] 「センサ」のある機器

「センサ」と「MEMS」

　本来、「センサ」は、機械部品として製造されるものが多く、従来の製造方法では小型化には限度がありました。

　こういった「センサ」が近年あらゆるハードウェアに組み込まれることになった要因として、「MEMS」(メムス)が挙げられます。

　「MEMS」は機械部品を小型化する方法として、半導体生成の技術を用いて機械構造を再現することができるため、半導体に機械部品のような要素を含めることが可能になります。

　その結果として、機械部品が必要だったセンサの半導体化が可能になり、スマートフォンをはじめとする、あらゆるハードウェアの小型化と高性能化が可能になりました。

*

　現在、スマートフォンで使われている「MEMS」により製造されたセンサとして、「マイク」「加速度センサ」「三軸センサ」などが挙げられます。

　また、既存の機械部品に関しても将来的には「MEMS」によって半導体化が期待されるものがあり、今後、あらゆる分野でMEMSで製造された装置を見ることができるようになるかもしれません。

71

第2章 「センサ」と「IoT」

2-4 身体に直接貼る「生体情報センサ」

　今まで解説してきた「センサ」は、基板の上に載せて使うようなものがほとんどでしたが、この他にも身体に直接身につけて、心拍数や脈拍などの情報を取得する、「生体情報センサ」というものがあります。

　ここで一例として紹介する、湿布タイプの「生体情報センサ」（以降、「湿布型 生体情報センサ」）は、東京大学大学院 工学系研究科の染谷隆夫教授、リー・ソンウォン博士研究員らによって、研究成果が発表されているものです。

「生体情報センサ」に適したデバイスの開発は難しい

　「ビッグデータや」「IoT」など、情報通信技術は目覚ましい発展を続けており、それに伴って実空間でさまざまな情報を計測する新しい「センシング技術」は、その重要性を増しています。

　特に、人間の「生体情報」を計測する技術の研究開発は、活発に進められています。

　その結果、腕時計型の「ウェアラブル・デバイス」を装着して、日常的な活動中に脈波を簡単に計測できるようになりつつあるなど、目覚ましい発展を遂げていると言えるでしょう。

　いずれは実生活中の「生体情報」を細かく記録してデータ蓄積し、「生体情報」をリアルタイムにチェックすることで、不慮の事態にも素早く対応できるといった健康管理も可能になると見られています。

＊

　しかし、このような用途で「人間の運動」や「生体情報」を精度良く電子的に計測するには、「センサ」や「電子回路」を計測対象に近づける必要があります。

　最も効果的なのは、「センサ」を測定対象に直接接触させることです。

[2-4] 身体に直接貼る「生体情報センサ」

　ところが、従来のエレクトロニクスは、「シリコン」を中心とした硬い電子素材で作られてきたため、装着時の違和感などが問題になっていました。

　また、硬い「センサ」が生体のダイナミックな運動と干渉すると、運動自体を阻害したり、「センサ」が外れて上手く働かなくなる、といった問題もありました。

＊

　こうした中、「高分子フィルム」や「ゴムシート」など、柔らかい素材に電子部品を形成する技術が盛んに研究開発されるようになります。

　柔らかい素材で作られた「センサ」であれば、運動との親和性も高いからです。

　たとえば、これまでに「有機トランジスタ」と呼ばれる柔らかい電子スイッチを、厚み1μmの「高分子フィルム上」に形成し、曲げ半径10μmまで折り曲げても壊れない、といったデバイス開発例が報告されています。

＊

　ただ、このような柔軟性のある電子回路を生体に直接貼り付ける場合、生体と直接接触する表面にさらなる工夫が必要となります。

　具体的には、

・表面における生体との親和性がある。
・柔らかさを維持しながらも素材は丈夫。
・湿った生体組織の上でも滑らずに安定したコンタクトを得る。

といった技術が求められているのです。

グニャグニャに動いても取れない、壊れない「センサ」

　「湿布型 生体情報センサ」は、上記のような課題をクリアするために研究開発が進められてきました。

　このセンサのキモとなるのは、人間の皮膚表面に「湿布」のように貼り付けるだけで、歪みのような物理量や、心電など生理電気信号を計測することができる、「シート型電子回路」です。

73

第2章 「センサ」と「IoT」

　「シート型電子回路」の表面は粘着性があるため、接触している表面が激しく動いても、電子回路が体の表面からズレたり取れたりすることはありません。

　「湿布型 生体情報センサ」の研究グループは、厚さ1.4μmの「ポリ・エチレン・テレフタレート」という「高分子フィルム」に、高性能な「有機トランジスタ集積回路」を作り、生体と直接接触する電極部分だけに粘着性のあるゲルを形成しました。

　　※ポリ・エチレン・テレフタラート
　　　「PET」、いわゆるペットボトルの材料などで広く用いられている素材。

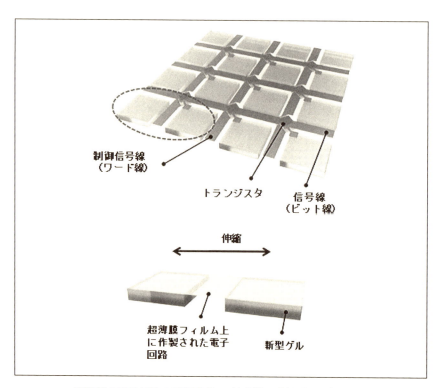

超薄膜の電子回路の電極部分に、粘着性の「新型ゲル」を形成
（JSTニュースリリースより）

74

[2-4] 身体に直接貼る「生体情報センサ」

　試作した「集積回路」は、「4.8×4.8平方cm」の面積に、144個のセンサが、4mm間隔で配列されています。
　そして、「ゲル付きの電極」は生体と直接接触し、生体からの電気信号を計測するセンサとして機能します。

　また、膨らませたゴム風船の表面に「シート型電子回路」を張り付けて、100％の圧縮歪みを加えるという実験をしたところ、電気性能が損なわれないという結果を得たそうです。

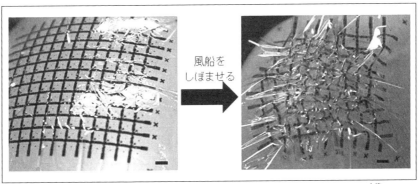

膨らんだゴム風船の表面に電子回路を貼り付けて空気を抜くと、風船の萎みとともに電子回路も歪むが、壊れることはない（JSTニュースリリースより）

新しい「ゲル素材」

　研究成果が発表される決め手となったのは、粘着に用いる「新型ゲル」の開発によるところが大きいようです。

　「新型ゲル素材」は、「ポリ・ロタキサン」と呼ばれる「環動ゲル」の中に、「ポリ・ビニル・アルコール」（PVA）を均一に分散して形成しています。
　これによって、粘着性が高く、かつ光で形成できるという特徴をもちます。

　　※ポリ・ロタキサン
　　　リング状の分子の穴に、棒状の分子を貫通させた構造をもつ分子をつないで、高分子にしたもの。車の塗料や人工筋肉などへの応用が進められている。

75

第2章 「センサ」と「IoT」

> ※環動ゲル
> 　化学的に架橋されていても、架橋されている点が自由に動ける高分子のこと。弾力性が高く、従来の樹脂とは異なる特性をもっている。

> ※ポリ・ビニル・アルコール
> 　「接着剤」や「界面活性剤」などに利用されている、合成樹脂。

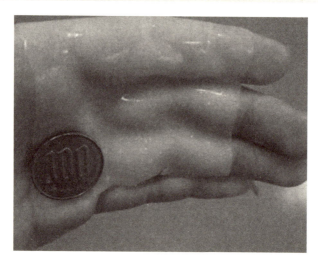

掌の形に追従して貼れるほど柔らかく粘着性の高い「新型ゲル」
（JSTニュースリリースより）

　光でさまざまな形に形成できるため、格子状に並べられたセンサの電極部分だけに「新型ゲル」を形成することも可能です。
　また、「新型ゲル」は粘着性があるため、湿った生体組織と良好な接触を維持することもできます。

　従来の手法では、生体組織が動くと生体表面と接触している電極の位置がズレたり剥がれたりするという問題がありました。
　この「新型ゲル」の開発によって、従来の問題を解決できた、としています。

[2-4] 身体に直接貼る「生体情報センサ」

ラットの「心電計測」や「指の動きの計測」に成功

　試作されたデバイスをラットの心臓表面に張り付けたところ、3時間以上にわたって良好なコンタクトを維持し、その結果、信号の質の良い心電計測に成功しています。

　また、「PVA」は溶けて粘着性がなくなるので、計測後には心臓に負担をかけずに簡単にデバイスを外すことができる点も特徴としています。

＊

　さらに、同様の設計手法で、高感度で伸縮性のある「歪みセンサ」の試作も行なわれています。

　このセンサを人の皮膚に直接貼り付けることによって、指の動きのような生体のダイナミックな動きを計測することができました。

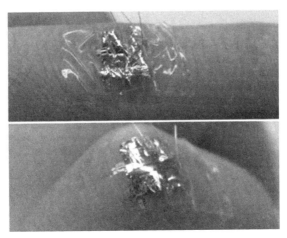

指の関節に密着させて貼り付け、歪みによって指の動きを計測するセンサ。大きな「ひずみ」が加わっても、剥がれたり、壊れたりしない（JSTニュースリリースより）

今後の展開

　今回の研究成果によって、生体に直接貼り付けるだけで、生体のダイナミックな運動に追従できる「多点計測のセンサ」が実現できます。

　これはヘルスケア、スポーツ、医療、福祉など、多方面への応用が期待されるでしょう。

第2章 「センサ」と「IoT」

また、「湿布」や「絆創膏」のような体に直接貼り付けるものにも、電子部品を導入することが可能になります。

その結果、「センサ」を体に貼り付けて、通常の生活をしながら、24時間ストレスなく生体情報を計測する技術に応用できる、と考えられます。

さらに、ラットを使った動物実験の段階ですが、「皮膚」だけでなく、「心臓」のような体内の組織にも貼り付けられることが示されています。

将来は「体内埋植型電子システム」に応用されて、電子デバイスの応用範囲がより広がっていくことが期待されています。

MEMO

第3章

「マイコンボード」と「IoT」

ホビー・ユーザーの間では、「Arduino」や「mbed」などの「マイコンボード」を使った電子工作が流行しており、「IoT」の開発にも、「マイコンボード」が使われることがよくあります。
本章では「マイコンボード」とはどのようなもので、何ができるのかについて解説していきます。

Raspberry Pi

第3章 「マイコンボード」と「IoT」

3-1　「マイコンボード」とは

「マイコンボード」でできること

　「マイコンボード」は、「マイコン」「メモリ」「I/Oインターフェイス」「電源回路」などが、1つにまとめられたものです。

　「マイコン」は、パソコンのCPUと同じで、「頭脳」に相当します。
　何らかの「プログラム」を書き込んで、その「プログラム」を実行できます。

　「マイコンボード」のプログラムは、「C言語」やそれに類似した言語で作るのが一般的ですが、一部のボードでは、「Python」などの「スクリプト言語」を使ってプログラムを作ることもできます。

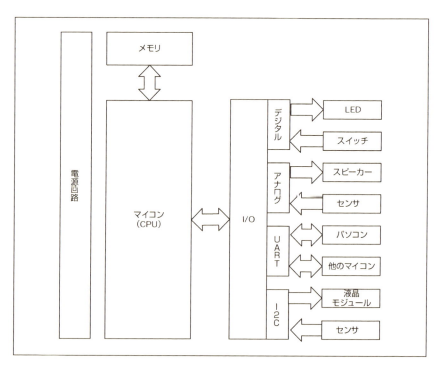

マイコンボードの概要

[3-1] 「マイコンボード」とは

■Lチカ回路

前ページの図にある「I/O」は、「Input/Output」の略で、「入力と出力ができる外部接続部分」です。

そして、I/Oのインターフェイスには、「デジタル」と「アナログ」の2種類があります。

＊

「デジタルI/O」では、「0」と「1」のいずれかの状態を出力したり、入力したりできます。

たとえば、デジタルI/Oに「LED」を取り付けておくと、プログラムで「1」を出力したときに「光る」、「0」を出力したときに「消える」という動作ができます。

> ※話を分かりやすくすため、「1」で「オン」、「0」で「オフ」と説明しているが、実際には、「0」で「オン」、「1」で「オフ」のように、逆の動作をする回路を作ることがほとんど。これは、電流を吐き出す動作よりも、吸い込む動作のほうが回路が作りやすいため。「0」と「1」が逆になった動作を「負論理」と言う。

これを利用して、LEDの点灯と消滅を繰り返す回路やプログラムは、俗に「Lチカ回路」(LEDをチカチカさせるの略)と呼ばれており、何かマイコンを操作するときの基本となっています。

この「Lチカ回路」で、LEDを「ブザー」に変えれば、音が鳴ります。「モーター」を取り付ければ、モーターが回るでしょう。

そして、「リレー」という部品を使うと、100Vで動く家電なども制御できます。

> ※ここでは簡単に「つなぐ」と言っているが、実際には、モーターやリレーは、流れる電流が大きいため、マイコンに直結することはできない。トランジスタを使ったスイッチング回路などが必要。逆に、LEDは消費電力が少なく、トランジスタが必要ない簡単な回路ですむことから、「最初の入門回路として適している」とも言える。

81

第3章 「マイコンボード」と「IoT」

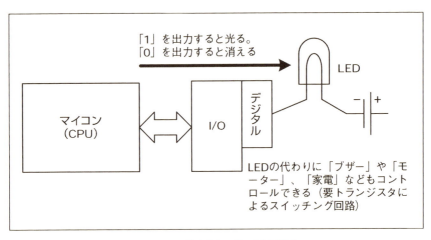

マイコンの基本となる「Lチカ回路」

■センサをつなぐ

「アナログI/O」には、出力電圧が変化する「デバイス」を接続できます。

「マイク」などはその代表ですし、「温度センサ」や「湿度センサ」などの各種センサも接続できます。

そしてアナログ出力には、たとえば、「スピーカー」を取り付けて、音声を喋らせることもできます。

■パソコンと接続できる「UART」

現在主流のマイコンボードのほとんどには、「UART」(Universal Asynchronous Receiver-Transmitter)というインターフェイスが搭載されています。

これは、「送信」「受信」「グラウンド」の3本の配線を使って、シリアル通信するものです。

パソコンと接続したり、他のマイコンや周辺機器と接続したりするのに使います。

[3-1]「マイコンボード」とは

　最近では、「UART接続」で、撮影した画像を取り込める「カメラ・モジュール」もあり、マイコンで画像を扱うのも難しくなくなってきています。

■さまざまなデバイスを接続できる「I²C」

　一部のマイコンは、「I²C」(Inter-Integrated Circuit。「アイ・スクエア・シー」または「アイ・ツー・シー」)と呼ばれるインターフェイスをサポートしています。

　「I²C」は、フィリップス社が開発したインターフェイスです。
　「データ線」と「クロック線」の2本の配線で、さまざまなデバイスを接続できます。

　「I²C対応デバイス」の代表が、「液晶モジュール」です。
　秋葉原のパーツショップなどでは、「I²C対応の液晶モジュール」が売られており、マイコンと接続することで、英数字を表示できるようになります。

　「I²C」は、出力だけでなく、入力もできます。
　「温度センサ」「湿度センサ」「磁気センサ」など、「I²C対応」の各種センサがあります。

つなげば動く時代になったマイコン

　「マイコンボード」が、「IoT」を含めた開発上の利点として大きいのは、まず安価で手に入りやすいことです。
　そして普及につれて、書籍などで情報が入りやすくなったのも原因のひとつです。

　また、他にも以下のような理由も挙げられるでしょう。

■簡単にプログラムを作れる

　マイコンのプログラムは、パソコンで開発します。
　そして、作ったプログラムをマイコンに転送して書き込みます。

83

第3章 「マイコンボード」と「IoT」

　最近の「マイコンボード」のほとんどは、「USB端子」を搭載しており、パソコンと直結できます。
　そのため、プログラムを書き込むための機材などの必要がありません。

　現在、さまざまなマイコンがありますが、なかでも「mbed」（エンベッド）というマイコンは、開発環境がWebで提供されています。
　そのため、自分のパソコンにマイコンの開発環境をインストールすることなく、「Webブラウザ」と「USBケーブル」があれば、開発できてしまいます。

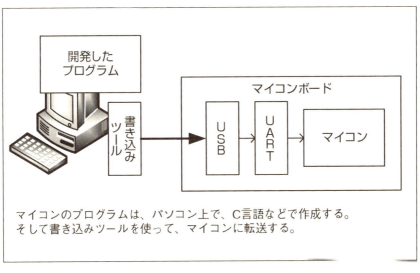

マイコンのプログラミング

■部品点数が少なく、「ブレッドボード」で手軽に実験できる
　最近のマイコンは小型化しただけでなく、メモリやI/Oなどのチップが内蔵され、それこそ電源をつなぐだけで動きます。
　そのため、多くの配線を必要としないので、「ブレッドボード」を使って簡単に試作ができるようになっています。

84

[3-1]「マイコンボード」とは

「IoT」開発を個人レベルで

「マイコンボード」の大きな特長は、「電子工作」と「パソコンやインターネット」とを組み合わせて操作ができる点、つまり「IoT」の開発を個人でもできる部分にあります。

たとえば、次のようなことも、「マイコンボード」を使えば簡単にできるでしょう。

・「温度センサ」で、部屋の温度がどこからでも分かるようにする。
・外出先から、照明やエアコンのスイッチを入れる。

各デバイスが自立して、インターネットに接続するとなると、直接インターネットとやり取りする必要があるので、構成が複雑になります。
しかし、いったんパソコンを経由するなら、さほど難しくありません。

パソコンは、インターネットに接続しているのですから、「各デバイス」と「パソコン」との通信だけを考えればよくなるからです。

この通信方法として、注目されているのが「無線」と「BLE」(Bluetooth Low Energy)です。

パソコンを経由して「IoT」を実現する

第3章 「マイコンボード」と「IoT」

■無線で通信する

無線で通信する場合は、第1章でも解説した、「Zigbee」(ジグビー)と呼ばれる通信プロトコルが使われることが多いです。

そして、「ZigBee」のモジュールとして有名なのが、「XBee」と「TWE-Lite」です。

●XBee (エックスビー)

「XBee」はシリアル通信を無線化できるデバイスです。
「XBee WiFi」という製品を使うと、直接TCP/IPと通信することもできます。

XBee

●TWE-Lite (トゥワイライト)

「TWE-Lite」は、省電力な無線内蔵マイコンです。
これをを使うと、ボタン型電池で数年間動くセンサ回路を作ることもできます。

また、最近は太陽電池モジュールに対応し、電池なしで動くシステムも作れるようになりました。

[3-1]「マイコンボード」とは

TWE-Lite

■BLEを使う

「BLE」は、省電力なBluetooth規格です。

iOSでは「iBeacon」(アイビーコン)と呼ばれており、Androidでも「4.3」以降で標準対応しています。

「BLEモジュール」の値段がまだ高いので、さほど普及していませんが、スマホから直接制御できることは注目に値します。

今後、価格が安くなれば、「BLE」を使った開発も流行っていくと考えられます。

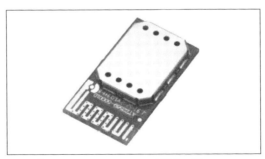

「Bluetooth Low Energy」対応モジュール

87

第3章　「マイコンボード」と「IoT」

3-2　定番の「マイコンボード」

ARM搭載マイコンボード

　一昔前、「マイコンボード」と言えば、「8ビットコアのCPU」がメジャーでした。

　「Arduino」でも採用されている「Atmel社のAVRシリーズ」や、「Microchip社のPICシリーズ」「インテル社8051およびその互換CPU」といったものがそれにあたります。

*

　しかし、「8ビットCPU」は、扱えるメモリ空間に限りがあったり、マルチタスク処理などを行なう「OS」(オペレーティング・システム)を搭載するには能力不足でした。

　このため、各社は「16ビットCPU」や「32ビットCPU」の開発に取り組んできました。

　ところが、各社とも独自アーキテクチャで、メーカーごとに規格もまちまちで、機能が複雑化するにつれて、開発費用がかさんでいってしまいます。

　また、ユーザーから見ると、それぞれのCPUを利用するために、習熟する時間と手間も必要になります。

■ARMアーキテクチャ

　ARM社は、「FAB」(foundry：製造部門、製造工場)をもたず、32ビットや64ビットの「ARMアーキテクチャ」のCPUコア技術を、「IP」(知的財産権)として他社にライセンス提供する企業です。

　各半導体メーカーは、独自コアの代わりに、ARM社からCPUコア部分のライセンス提供を受け、これに「ペリフェラル※」を組み合わせて、「ネットワーク・ルータ用」や、「スマートフォン用」「自動車の各種制御用」といった、用途に応じたマイコンチップを開発します。

[3-2] 定番の「マイコンボード」

※ペリフェラル
タイマ、PWM、ADコンバータ、DAコンバータ、UART、USBインターフェイス、LANインターフェイス、ビデオ出力機能などの周辺装置。

＊

ARMコアのマイコンは、NXP社、ST Micro社、Atmel社、Freescale Semiconductor社などたくさんのメーカーが採用しています。

■「ARMコア」のラインナップ

「ARMコア」は、機能や消費電力を小さく絞った「小規模版」から、Linuxなどの汎用OSが動かせる処理能力や機能を搭載した「高性能版」まで、幅広いニーズにマッチできるラインナップがあります。

最近のラインナップでは、処理能力や機能によって、大きく3つのシリーズに整理されています。

・Cortex-Mシリーズ

小規模で、「8ビットマイコン」からの置き換え用途などに考えられている。

・Cortex-Rシリーズ

汎用OSは使わないが、扱えるメモリ量や処理速度がさらに大きく、「RTOS」での利用を念頭に置いている。

・CORTEX-Aシリーズ

「MMU」(Memory Management Unit)や、「実行権限管理」(カーネルモード/ユーザーモード)機能を搭載し、Linuxなどの汎用OSを実行可能。

■ARM採用のマイコンボード

ARMを採用したマイコンボードについては、以降で主なものを紹介していきますが、「マイコンチップ＋入出力端子」程度の小規模なものから、「Linux PC」として利用できる多機能なものまで、さまざまです。

前者は、マイコンチップを選定する際の評価基板や、製品開発のプロトタ

89

第3章 「マイコンボード」と「IoT」

イピングに用いたり、個人の電子工作用マイコンボードなどとして利用されます。

　電子工作用で比較的入手しやすいARMマイコンボードとしては、「NXP社のLPCXpressoシリーズ（以下の写真の左2つ）」や、「ST Micro社のSTM32 Nucleoシリーズ」「Cypress社のPSoC4 PIONEER KIT（写真右）」「mbed（後述）」などが挙げられます。

ARMマイコン搭載の「LPCXpresso」（左）と「PSoC4 PIONEER KIT」（右）

■ARMの開発環境

　「ARMマイコンボード」には、各メーカーからいろいろな開発環境が提供されています。
　それらの大部分は、「GUI環境」でプログラム開発からデバッグまでできる「統合開発環境」ですが、「GNU GCC」のようなツールチェーン（ツールの集合体）を、コマンドラインで扱うものもあります。

　ただし、CPUコアが共通でも、搭載している「ペリフェラル」が製品によってさまざまなので※、「入出力アドレス空間」などのメモリマッピングが各製品ごとに異なっているなど、どの開発環境でもシームレスに利用できる状況にはありません。

[3-2] 定番の「マイコンボード」

　各社それぞれ、開発環境を複数提供しているので、利用可能なライブラリの種類や、ライセンスの種類などを加味して、都合のいいものを使います。

> ※ARM社は、「CMSIS」という「抽象レイヤ」のインターフェース規格を設けて、マイコンデバイスごとの違いを吸収し、プログラムソースを他のマイコンを使っても、影響を受けない（受けにくい）ように目論んでいるが、対象機器の範囲が膨大なため、完全とは言えない状況。

Arduino

　「Arduino」（アルドゥイーノ）は、小型かつシンプルで扱いやすく、マイコンに詳しくない人でも手軽に開発ができるように工夫された、イタリア生まれの「マイコンボード」です。

　ICのようなDIP形状のものや、少し大きめのボード状のものなど、各社からさまざまな製品が発売されており、スペックは製品によって異なります。

Arduino

第3章 「マイコンボード」と「IoT」

■「シールド」で拡張

「ハード面」の特徴としては、「シールド」(拡張基板)が挙げられます。

「シールド」を使うと、「ハンダ付け」や「ブレッドボード」を使うことなく、さまざまな周辺機器が接続できます。

たとえば、
・音を鳴らす
・無線通信できるようにする
・各種センサやカメラを搭載

といった機能を、簡単に付け加えることが可能です。

また、「シールド」はピンの配置や寸法などが決まっており、複数枚の「シールド」を重ねて接続することも可能です。

たとえば、「センサ」+「モータ制御」で組み合わせて動かしてみる、といったことが、簡単にできます。

「Arduino」に「eVY1シールド」と「MIDIシールド」を重ねて、MIDI音源機器にしたもの

[3-2] 定番の「マイコンボード」

■「開発言語」と「ライブラリ」

「ソフト面」の特徴としては、理解しやすく抽象化された「言語仕様」と、公式/非公式を含めた豊富な「ライブラリ」が用意されていることが挙げられるでしょう。

「Arduino」の「言語」や「ライブラリ」は、「モータ制御」や「LCD表示用」などのように、ユーザーに分かりやすいレベルに抽象化されています。

そのため、マイコン内部の仕組みを深く理解しなくても、やりたいこと(目的)が簡単に実現できます。

■シンプルな「統合開発環境」

「統合開発環境」(IDE)も機能を絞り込み、シンプルで取っ付きやすくなっています。

習熟に時間を要せず、「とりあえず触ってみよう」という気持ちになれるのも、ユーザーを増やした理由のひとつと言えます(後述の「mbed」も、似たような特徴をもっています)。

統合開発環境「Arduino IDE」

第3章 「マイコンボード」と「IoT」

> ※「Arduino」も「mbed」も、「デバッグ機能」などがバッサリ切り捨てられており、工業製品レベルの開発を行なうには、物足りない部分もある。
> しかし、「家庭用3Dプリンタ」の心臓部は、多くの機種で「Arduino-MEGA互換」が採用されており、必ずしも「プロトタイプにしか使えない」とは言い切れない。

■「Arduino」の普及と影響

「Arduino」は、「オープンソースのソフト/ハード」として公開されているため、たくさんの「ライブラリ」や、サードパーティ製の「互換ボード」も開発されてきました。

こうしたことが、新たなユーザー層を呼び込み、結果として「ライブラリ」や「シールド」が充実し……と好循環が進んできました。

また、「Arduino」の「シールド」は、他のマイコンボードにも影響を及ぼしており、「Arduino」以外のマイコンボードでも、「シールド」を利用できるものが多く登場しています。

このことは、「Arduino」のユーザーが、「他のマイコンも試してみよう」と思うきっかけにもつながっています。

mbed

「mbed」(エンベッド)は、ARMコアのマイコンを搭載し、簡単にプロトタイピングに利用できる、「マイコン基板とその開発環境」です。
簡単に言えば、「Arduino」にメモリや機能を増やした感じのものです。

「NXP社」の社員が、ARMマイコン「LPCシリーズ」で、簡単にプロトタイピングができるように、マイコン基板と開発環境を作って公開したことからスタートしています。

標準の評価キットは、ICのようなDIP形状をしています。

[3-2] 定番の「マイコンボード」

mbed

　現在ではNXP社製マイコンだけでなく、Freescale社やST Micro社など、複数のメーカー製マイコンにも対応しています。

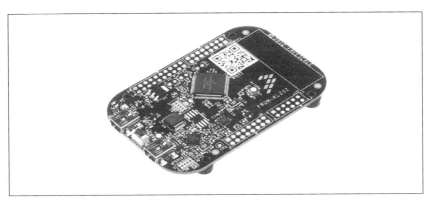

Freescale社のmbed対応ボード「FRDM-KL25Z」

【対応ハード一覧ページ】

http://developer.mbed.org/platforms/

■mbedでできること

　「mbed」と「Arduino」を比べてみましょう。

　まず、「32ビットARMコア」は、アクセスできるメモリ空間が広大で、メモ

第3章 「マイコンボード」と「IoT」

リ量の制約を受けにくくなっています。

また、マイコンチップ自体が搭載している「ペリフェラル」が豊富で、「LAN」や「USB機器」などの複雑な通信処理も、マイコン単体でできます。

他にも、USB接続の「Webカメラ」で撮影した写真を、スマホなどからWeb越しに閲覧したり、市販の「USB Bluetoothドングル」で「Bluetooth SPP」(Serial Port Profile)による通信を行なうといったことが、比較的簡単にできます。

■「mbed」の開発環境

「mbed」は、開発環境がクラウド上にあります。

このため、Webブラウザが使える環境であれば、いつでもどこでも開発ができます。

■mbed OS

「mbed OS」は、高速プロトタイピング環境である「mbed」を、「IoT」に対応できるように、「ドライバ」や「フレームワーク」「ライブラリ」を1つにして無償で提供しているOSです。

メモリが少ない、安価なチップでも動作するように設計されているのが、大きな特徴です。

【mbed OS】

```
https://mbed.org/technology/os/
```

以前は、「IoT」の実現には、高度な機能を備える「Linux」のようなOSの搭載が考えられているのが一般的でした。

そして、それは後述する「Raspberry Pi」のようなマイコンボードを、搭載しなければならないということでもあります。

96

[3-2] 定番の「マイコンボード」

　しかし、Linuxが動作するマイコンは、メモリの容量も大きく、価格も「mbed」などと比較して若干高くなるため、必ずしもベストとは言えない部分もありました。

　また、小型で安価という意味で考えれば、「Bluetoothモジュール」などを使う方法もありますが、インターネットに直接つながらないことが、ネックになります。

＊

　「mbed OS」は、これらの中間に存在するものです。

　これは、「mbed」のプラットフォームのような安価な組み込み向けマイコン上でも、「Wi-Fi」や「Bluetooth Low Energe」「Ethernet」に「Cellular」など、あらゆる通信プロトコルとの接続性を確保できるようにするための、従来のmbedを「強化」したOSです。

　通信機能を使ったファームウェアのアップデートなども備えていて、リリース後に発見された脆弱性にも対応できます。

＊

　「Alpha 1」が2014年12月に、正式版の「v3.0」が2015年10月にリリースされます。

　低価格で組み込み用途で使われているマイコン上で動作するOSは、「IoT」の普及を進める材料になるかもしれません。

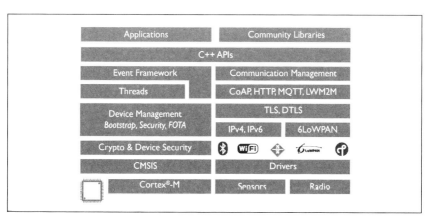

「mbed OS v3.0」のダイアグラム

97

第3章 「マイコンボード」と「IoT」

3-3 Linux ボード

「マイコンボード」に「Linux」を搭載する理由

　半導体製品が低価格化し、あらゆる製品にマイコンが搭載されるのと同時に、マイコンチップそのものにも高度な機能が追加されるケースが増えています。

　「画面出力」や「音声出力」「通信機能」や「大容量のメモリへのアクセス」などです。

　これらの機能によって「マイコンボード」は一昔前の「PC」に近い性能をもつものになりました。

　しかし、ハードの進化によって、今までのマイコンではできないような高度なことができるようになった半面、ソフトの開発は複雑化しています。

　これは、「応用部分」よりも前の「基本部分」、たとえば「ファイルの入出力」「画面の出力」など、OSの部分を用意する必要があるためです。

　OSを開発するのは容易ではなく、コストが掛かります。

　そこで「出来合いのもの」としてLinuxをOSとして使うという選択肢が生まれ、そして出来上がったのが「Linuxボード」というわけです。

*

　Linuxのカーネルには、「ファイルの入出力」や「プログラムやメモリの管理」「各種ハードのドライバ」なとか集まっているだけではなく、ソースコードも公開されているので、そのマイコンボードに対するカスタマイズが可能です。

　また、Linux上で動作するように書かれたプログラムも多いため、それらを「基本部分」として使えば、開発からマイコンボードを組み込むまでの時間を大幅に短縮できます。

98

[3-3] Linux ボード

Raspberry Pi

■Linuxボードの代表格

「Raspberry Pi」(ラズベリー・パイ)は、Linuxが動作するマイコンボードの火付け役であり、高性能なマイコンボードの低価格化に貢献した製品です。

組み込み向けとして「GPIOピンヘッダ」がある側面をもちながら、「シングルボード・コンピュータ」として使うことも可能になっています。

Raspberry Pi

「Raspberry Pi」は、「microUSBによる電源供給」「SDカードをストレージとして利用」「HDMIによる画面出力とオーディオ出力」「USBデバイスのサポート」など、PCに必要な機能が兼ね備えられていています。

いくつかのケーブルとUSBのキーボードとマウスを別途用意することで、ハンダ付けなどの工作をすることなくLinuxのデスクトップPCを実現することも可能です。

*

一般に、マイコンのプログラム開発には、C言語を使いますが、それに対して「Raspberry Pi」では、「Python」や「Ruby」などのスクリプト言語を使っ

第3章 「マイコンボード」と「IoT」

て開発できます。
　また、ネットワーク接続もできるので、センサなどで収集したデータをインターネットに送信することも実現できます。
　IoTの開発には、もっとも向いているタイプのボードだと言えるでしょう。

　メモリも多く搭載されているため、画像処理をしたい場合などにも適します。

＊

　一方、デメリットは、「mbed」や「Arduino」などよりも、サイズが大きくなってしまうことです。
　また、消費電力も大きく、乾電池で動かすことはできません（スマホなどで使われるモバイルバッテリなら、動かせます）。

■IoT用の「Windows 10」が動く「Raspberry Pi 2 Model B」

　最新モデルとなる「Raspberry Pi 2 Model B」では、「クアッドコアプロセッサ」や「1GBメモリ」を搭載し、大幅にスペックが上がっています。

Raspberry Pi 2 Model B

[3-3] Linux ボード

　また、マイクロソフトが「Raspberry Pi 2 Model B」に対応する、IoTデバイス用の「Windows 10」となる、「Windows 10 IoT Core」を無償で提供しています。

　「Windows 10 IoT Core」は、一般的なWindowsとは違って組み込み向けに特化しており、いわゆる「デスクトップ環境」のようなものや、「Webブラウザ」のようなアプリなどは用意されていません。

　インストールするには、通常のWindows（10/8.1）と、開発環境として「Visual Studio 2015」が必要になります。

＜ Windows 10 IoT Core ＞

https://dev.windows.com/ja-jp/iot

■Weaved

　「Weaved」は、「Raspberry Pi」をIoTの中心になるマイコンボードとして使うための、「IoT環境構築キット」です。

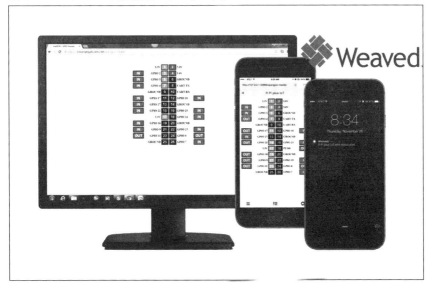

Weaved IoT Kit for Raspberry Pi（http://www.weaved.com/）

101

第3章 「マイコンボード」と「IoT」

　今までは、既存のハードを改造してIoT化をする場合、ハードの工作や開発だけでなく、ソフトの開発やセットアップなどもする必要があり、手間と時間がかかりました。

　このキットは、「リモートアクセス機能」や「ソフトのセットアップ」などを簡単にする仕組みが用意されているため、手軽に「IoT」を試せます。

＊

　「Weaved」は、

・「Weaved」のサーバ上で動作する、「Raspberry Pi とインターネットを接続する」サービス
・「Raspberry Pi」上で動作する複数のソフト
・「iOS」上で動作する「アプリケーション」

の3つで構成されています。

＊

　「Raspberry Pi」上で動作し、リモート化できる機能は、次の5つです。

---

①SSH

　「SSH」暗号化されたシェルです。

　こちらは、「Webブラウザ」を介さずに専用のクライアントを使うことで、「Raspberry Pi」のシェルにログインすることができ、プログラムの実行や各機能を制御できます。

　「Weaved」のサーバにログインすることで、「SSH」の「接続情報」(IPアドレス)を得ることができます。

②webSSH

　これを使って、「Raspberry Pi」の「SSH」に接続すれば、ブラウザからでもシェルにアクセスできるようになります。

　「Webブラウザ」からターミナルに接続できる「Shell-In-A-Box」を使った機能です。

[3-3] Linux ボード

「webSSH」からアクセス可能

③Web on port 80

「Webブラウザ」を「UI」に使うソフトなどをつなぐための機能です。

通常、「http接続」は、暗号化されていない通信なので、これを利用することは好ましくはありません。
しかし、そのようなソフトの場合でも、この機能を使えば、安全に接続できるとされています。

④WebIOPI

Webブラウザから「GPIO」「シリアル」「I2C」「SPI」などといった、「Raspberry Pi」がもつ基本的な入出力機能を、「Webブラウザ」からもアクセスできるようにするための「フレームワーク」です。

「Python」で、入出力を操作するためのマクロを追加し、「JavaScript」でそれらのマクロを呼び出します。

103

第3章 「マイコンボード」と「IoT」

⑤カスタムTCPサービス

「TCPプロトコル」を使うような「カスタム・アプリケーション」が、このサービスを使うときに必要な機能です。

あらゆるポートやプロトコルに対応しています。

Galileo
■x86互換コアのArduino互換機

「Galileo」(ガリレオ)は、Intel社が作ったArduino互換のマイコンボードです。

x86(Pentium)互換CPUの「Quark X1000」(400MHz動作)を搭載しています。

Arduino互換の「Galileo」

見た目には、「大き目のArduinoマイコンボード」といった感じで、「Galileo」専用にカスタマイズされた「IDE」で利用します。

「IDE」の画面構成や、プログラムを記述してアップロードといった流れは、普通の「Arduino」と変わりありません。

[3-3] Linux ボード

■「Linux OS」で動いている「Galileo」

ボード内部では「Linux OS」(Yocto Linux)が稼働していて、アップロードしたプログラムは、「Linux OS」上で1個のプログラムとして動作します。

また、「LANコネクタ」「SDカードスロット」「USB」などに加え、「mini PCIe」のコネクタを搭載しています。

「LAN」や「SDカード」は、従来の「Arduino」と同じように、「ライブラリ」を通して利用できます。

■Galileo GEN 2

2014年6月には、「Galileo」の後継機「Galileo GEN 2」が登場しました。

後継機となる「Galileo GEN 2」

「Galileo GEN 2」は、初代「Galileo」と比較し、CPUやメモリ量など大きな変更はありませんが、「GPIO入出力処理※」などが改良され、「C-LCD」の制御なども問題なく利用可能になりました。

※初代「Galileo」では、「GPIO」の動作速度の問題で、いくつかの機能について「Arduino」との互換性が担保されていなかった。

第3章　「マイコンボード」と「IoT」

■Galileo用Windows

Microsoft社は、組み込み機器用のOSとして、すでに「Windows Embedded Compact」（旧Windows CE）を投入しています。

しかしこれとは別に、「Galileo」に合わせて、IoTに向けた小規模マイコンでWindows系OSを動かす「Windows Developer Program for IoT」プログラムをはじめました。

---

http://dev.windows.com/en-us/featured/Windows-Developer-Program-for-IoT

「Galileo」用の「Windows OSブートイメージ」も公開されており、これをSDカードに書き込むと、「Galileo」専用のWindowsを動かすことができます（ただし、GUI環境は利用できません）。

開発環境は、PC上の「Visual Studio」を用います。

現在は「Arduinoのスケッチ（プログラム）」との互換性を考慮し、「スケッチ」がほぼそのまま利用できる「C++」が提供されています。

今後は、「C#」「.NET」といった使い慣れた環境を、「Galileo上のWindows」で利用できることを目指しているようです。

Edison

「Edison」（エジソン）は、Intel社がIoTをはじめとする組み込み機器の開発用途に作った「超小型x86コンピュータ」の名称であり、その開発プラットフォームとしての総称でもあります。

「Edison」は幅広い用途に使えますが、特に「ドローン」や「ウェアラブルデバイス」など、筐体の重量やサイズに制限のある機器において、「小型」「軽量」というメリットを最大限に活かせます。

[3-3] Linux ボード

Edison

　ボードのサイズは「奥行35.5×幅25×高さ3.9」mmで、SDカード(32×24mm)より少し大きい程度です。

　CPUは、デュアルコア、500Mhz駆動の「Atom SoC」(Atom System on a Chip)と、100MHz駆動のMCU(Micro Control Unit)「Quark」を搭載。用途に合わせて、どちらのCPUも使えます。
　メインメモリは1GBの省電力メモリ「LPDDR3 SDRAM」、ストレージは4GBの「eMMC※」を搭載してします。

　　※「eMMC」は、転送速度はSSDよりも遅いのですが、省電力性能に優れたフラッシュメモリの規格。

　無線機能では、デュアルバンドのWi-Fiと「Bluetooth Low Energy」を搭載し、I/Oは「70ピンのコネクタ」を装備しています。

■Atom SoC

　「Edison」に搭載の「Atom」には、22nmプロセスの「Silvermont」アーキテクチャが使われています。

　第3世代の「Silvermont」は、第2世代32nmプロセスの「Saltwell」アーキテクチャの機能を強化したアーキテクチャです。
　IPC(クロックあたりの命令数)が高められていて、供給電力が同じなら約2倍の性能を発揮できます。

107

第3章 「マイコンボード」と「IoT」

■開発環境への対応状況

　「Edison」モジュールは、「Arduino」および「C/C++」による開発をサポートし、今後は「Node.js」や「Python」などの言語、リアルタイムOS、ビジュアルプログラミング環境などへのサポートも予定されています。

■「Edison」モジュールのコンセプト

　開発する機器に「Edison」を直接組み込むような使い方ができないわけではないですが、専用の「拡張ボード」と組み合わせることが「Edison」の標準的な使い方です。

　たとえば、「Raspberry Pi」や「Arduino」などは、完成された基板上に汎用的な拡張端子を装備していて、その端子に必要なデバイスなどを接続して使うというイメージです。

＊

　一方、「Edison」では、心臓部のモジュールのみが独立して存在し、用途に合った仕様の拡張ボードを別途用意して、拡張ボードに「Edison」を装着して使います。

　これは自作PCで、用途に合わせてマザーボードを選ぶのに似ていて、CPUメーカーならではの発想と言えるでしょう。

　拡張ボード上には70ピンコネクタ(ソケット型)があり、「Edison」モジュールの70ピンコネクタ(プラグ型)をハメ込んで接続します。

■拡張ボードのキット製品

　拡張ボードには、「インテル純正ボード」と、「サードパーティ製のボード」があります。
　最初に発売されたのは、「Edison」モジュールを含んだ、3種類の拡張ボードキットです。

●Intel Edison kit for Arduino

　「Edison」を「Arduino Uno」互換として使うための拡張ボードです。

[3-3] Linux ボード

Intel Edison kit for Arduino

● Intel Edison Breakout Board

「Edison」の機能をフル活用するための拡張ボードです。

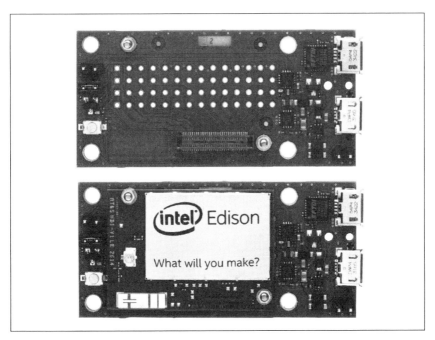

「Edison」モジュール取付前(上)と取付後(下)

第3章 「マイコンボード」と「IoT」

●Intel Edison Starter Pack(SparkFun)

「Edison」モジュールの他に、3枚のボード「Console Block」「GPIO Block」「Battery Block」とUSB microBケーブルを同梱したキットです。

Intel Edison Starter Pack(https://www.sparkfun.com/)

「Console Block」は、電源供給などの制御基板です。

「GPIO Block」はブレイクアウトボード(I/O接続や拡張のためのボード)です。

「Battery Block」は、電圧3.7V、容量400mAhのリチウムポリマー電池を搭載した電源供給ボードで、充電回路を装備しています。

「Intel Edison Starter Pack」に含まれる3枚の拡張ボードは、電子部品の販売を手がける米国のSparkFun社のオリジナル製品です。

*

「Starter Pack」は、汎用的な拡張ボードをチョイスしたキットですが、これらの他にも多数の「Edison」用拡張ボードが開発されています。

たとえば、「SDカードスロットボード」と、「ジョイスティック」や「スイッチ」を装備した操作用ボードを組み合わせれば、携帯ゲーム機や簡易入力デバイスなどを作れます。

[3-3] Linux ボード

HummingBoard

「Raspberry Pi」の成功を受けて、より性能が高いボードとして登場したのが「HummingBoard」(ハミング・ボード)です。

HummingBoard

このボードは、「Raspberry Pi」と互換性のあるボードの外形でありながら、「SPDIF」のデジタルオーディオ出力や1GHzのプロセッサを搭載し、最上位のボードでは「Mini PCIe」や「mSATA」など、高度なインターフェイスなども利用できるLinuxボードになっています。

＊

また、「HummingBoard」の大きな特徴として、「CPUとメモリの交換が可能」な点が挙げられます。

この機能は、ほとんどのLinuxボードに搭載されていません。

ただし、インターフェイスは独自のものであると思われるので、自由に交換できないことに注意が必要です。

第3章 「マイコンボード」と「IoT」

CubieTruck

「Cubietruck」(キュービー・トラック)は、「Allwinner A20」というデュアルコアプロセッサを搭載したLinuxボードです。

主にARMプロセッサのソフト開発を目的としています。

Cubietruck

「A20」は、メディアプレイヤーの開発を目標にしたプロセッサであり、「Allwinner A10」は「Androidスティック」と言われるUSBメモリより少し大きい程度のメディアプレイヤーや、タブレットに搭載されていました。

このプロセッサ向けのLinuxはユーザーレベルで開発が進められており、「A10」を搭載したメディアプレイヤーで動作したという実績があります。

＊

「Cubietruck」の基板のサイズは「Raspberry Pi」などと比べると比較的サイズは大きいものの、NANDフラッシュメモリや、2GBのDDR3 SDRAM、Wi-FiとBluetoothをオンボードで搭載するなど、ハードのスペックが高いのが特徴です。

[3-3] Linux ボード

「HDMI」だけではなく古いディスプレイ用に「VGA」も出力できるのもポイントです。

ODROID-U3

「ODROID-U3」(オードロイド・ユースリー)はヒートシンクが目立つ小型Linuxボードです。

このボードに搭載されているプロセッサは、「GALAXY」にも使われているサムスンの「Exynos4412」というクアッドコアプロセッサです。

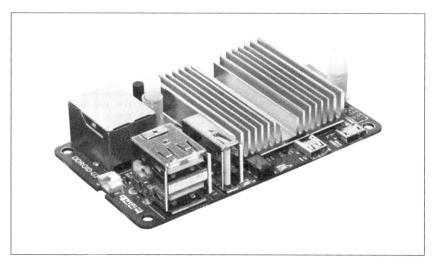

ODROID-U3

他のボードは「デュアルコア」程度ですが、このプロセッサは他のLinuxボードに比べてパワフルな「クアッドコア」を搭載しています。

そのぶん、ヒートシンクも大きく、発熱が想像できます。

「eMMCソケット」が搭載されており、フラッシュメモリを搭載できます。

第3章 「マイコンボード」と「IoT」

BeagleBone Black

「BeagleBone Black」(ビーグルボーン・ブラック)は、低価格でありながらもフラッシュメモリを内蔵し、高速起動が可能なLinuxボードです。

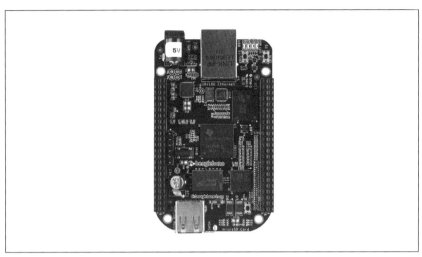

BeagleBone Black

OSがプリインストールされており、USBケーブルでコンピュータと接続するだけですぐに開発が始められるのが特徴。

「回路図」や「基板データ」などが公開されているオープンソースなハードでもあります。

*

このハードの先祖となる「BeagleBoard」は、2008年からと、2012年からの「Raspberry Pi」よりもリリースが早かったLinuxボードです。

小型のボードでLinuxが動作するとして注目を集めていたものの、あまり価格は安くはありませんでしたが、可能性を感じさせる製品ではありました。

「BeagleBone Black」は低価格と小型化を実現していて、ボードの形状も組み込みやすい形になっています。

114

[3-3] Linux ボード

pcDuino

「Allwinner A10」をプロセッサとして搭載したLinuxボードです。

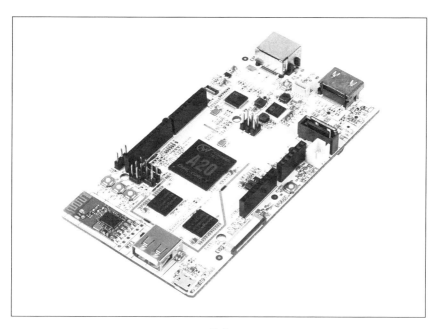

pcDuino

　フラッシュメモリにLinuxのデスクトップ環境が書き込まれており、電源を供給することでそのまま使用可能になります。

　また、「Arduinoシールド」と互換性のあるソケットがあり、既存の「Arduino用シールド」を差し込むことで、拡張ハードとして利用できます。

＊

　「Android」も動作可能になっており、工夫次第では「Android」のプログラミング環境を利用できるため、開発がしやすい環境になるかもしれません。

第3章 「マイコンボード」と「IoT」

IoT用にカスタマイズされたLinux OS

先述した「mbed OS」のように、Linuxの世界でも、次に挙げるような「IoT」向けに特化したOSが開発されています。

■前身となった「Core OS」

「Core OS」は、コンパクトでセキュアな「Linuxディストリビューション」です。

*

「Core OS」では、「システム・パーティション」を「読み込み専用」にして、「システムの更新」は、「ファイルシステム」の「パーティション単位」で行なっています。

そのため、1つ前の「バックアップ」のシステムを「別パーティション」に保持して、いつでも「ロールバック」できる、などの仕掛けを用意しています。

こうすることで、セキュリティを重視したLinuxとなっています。

*

ただ、「システム・パーティション」が「書き込み禁止」に設定されているため、「システム・パーティション」に「アプリケーション」を導入するわけにはいきません。

そこで、別のユーザー用パーティションに「Docker」などの「コンテナ・システム」を使い、そこにアプリケーションを導入する、などの仕掛けをもっています。

こうした仕掛けが用意されているので、「クラウド・ベース」の仮想マシンでも動作します。

このことにより、クラウドベースでの開発がより軽快に進むとして、開発者の注目を集めている、興味深い「Linuxディストリビューション」です。

116

[3-3] Linux ボード

■Snappy Ubuntu Core

「Snappy Ubuntu Core」(以下、「Snappy」)も、「Core OS」と同じような構成をしているのですが、こちらは「IoT」に使われることを見据えたOSとなっています。

*

「Core OS」も、コンパクトに構成されていているので、腕に憶えのある開発者ならば「Raspberry Pi 2」などにも導入できるかもしれません。

しかし、「Snappy」は、クラウド仮想マシンのみならず、「ARMマイコンボード」などへの導入にも積極的に取り組んでいます。

そうしたデバイスにも入り込むことで、「IoT」にも使えるOSを目指しています。

【Ubuntu Core on Internet Things ｜ Snappy ｜ Ubuntu】
http://www.ubuntu.com/things

Ubuntu では「IoT」とは言わず、「Internet Things」と呼称しています。

文字通りならば「インターネットのモノ」となりますが、Webにぶら下がるデバイス(ハードとしての「モノ」)と、クラウドにも存在し得るOS、サービス(ソフトとしての「モノ」)を総称しています。

実際、このページには「Snappy」が、(IoTのモノとしての)「ドローン」や「ロボット」についての開発にも及ぶ、という方向が示されています。

■「コンテナ・システム」と「マーケット」

「Snappy」で興味深いのは、「コンテナ・システム」と「マーケット」です。

現在は、「Docker」を「コンテナ・システム」に採用しますが、他の「コンテナ・システム」も利用できるように模索しています。

さらに、「Ubuntu の仲間」ということで、「マーケット」を展開します。

「Snappy」のマーケットでは、開発者が作成したアプリケーションなどが広くやりとりされています。

第3章 「マイコンボード」と「IoT」

当面は開発者向けのアプリケーションが集まってきますが、マーケットが充実してくれば、将来的にはエンドユーザーにも利便がでてくると期待されます。

■「仮想環境」での動作

「Snappy」は、MSの「Azure」や、Amazon の「AWS」など、さまざまな「クラウド仮想環境」や、Linux の「KVM」(Kernel Virtual Machine)によっても動作します。

また、システムがコンパクトに構成されているため、「小規模PC」「ARMボードコンピュータ」でも動作するとしており、「Raspberry Pi 2」「Beagleone black」でも動作するように開発が進められています。

【A snappy tour of Ubuntu Core!】
```
https://developer.ubuntu.com/en/snappy/
```

上記のチュートリアルには、「KVM」(QEMU)による「Snappy」の動作方法が紹介されています。

■「KVM」(QEMU) で「Snappy」を動かす

「KVM」を動かすには、プロセッサがKVMに対応している必要がありますが、近年のPCでは多くのものが対応しています。

また、仮想環境で動かす「Snappy」は、KVMによる動作が最も効率よいとされています。

「Ubuntu」の場合、「QEMU」を導入することで比較的容易に「Snappy」が動かせます。
ただし、「Snappy」のOSイメージがインテルプロセッサ用の「64bit」ベースになっているので、「ホストOS」も「64bit」になっていないと動きません。
最近の安価なPCでも、「CPU」が「64bit命令」に対応しているものもあるので、(動作速度はさておいて)動くと思います。

118

[3-3] Linux ボード

*

導入の方法については、以下のページで述べられています。

【Ubuntu Core on the Cloud ｜ Cloud ｜ Ubuntu】

http://www.ubuntu.com/cloud/tools/snappy

このページの「Launch Snappy locally with KVM on Linux」という項目で、「KVM」による動作の方法について述べられています。

大まかには、

・apt-get による QEMU の導入
・Snappy イメージのダウンロード
・QEMU による Snappy イメージの起動

となっています。

この手順に従って、コマンドラインで次のように入力して動作させると、「別ウィンドウ」で「QEMU」のウィンドウが現われ、「Snappy」の起動状態が表示されます。

kvm -m 512 -redir :8090::80 -redir :8022::22 ubuntu-core-alpha-02_
amd64-virt.img

119

第3章 「マイコンボード」と「IoT」

「Snappy」の起動状態

執筆時点（2015年4月）では「アルファ版」という位置付けだからなのか、「ログイン・アカウント」も「ubuntu」というユーザーが設定ずみです。

コンソールから入力してパスワードを入力すると、「Snappy」にログインできます。

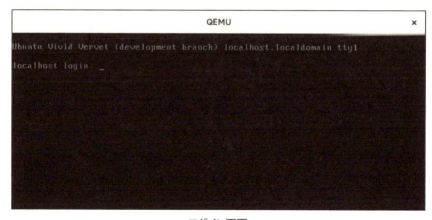

ログイン画面

[3-3] Linux ボード

　「Web上のチュートリアル」には、「Debian/Ubuntu」系ディストリビューションのパッケージ管理コマンド「apt-get」は使えず、パッケージの導入やシステムの更新など、システム管理の多くは、「snappyコマンド」による、としています。

　「QEMU」の「コマンドライン・オプション」に「-m 512」とついていることから、現在のインテル「64bit版イメージ」は、「RAMが512MB」のシステムとして動いているようです。

　「システム・イメージ」も、「120MB」と圧縮されていることもあって、コンパクトです。

　ARM向けイメージは更にコンパクトらしく、RAMが「256MB」のシステムでも動作するとのことです。
＊

　「OS」はコンパクトながらも、ストレージは「20GB」まで扱うことを想定しています。

【Snappy system - Ubuntu developer portal】

https://developer.ubuntu.com/en/snappy/guides/filesystem-layout/

　「ファイルシステム合計：20GB」のうち、

・「システム・パーティション」(アクティブ):2GB
・「システム・パーティション」(ロールバック)：2GB
・「ユーザー領域」:16GB (=20GB-2GB-2GB)

　チュートリアルのプログラム作成についての項目を見ると、開発者はデスクトップPCなどでアプリケーションを作成し、「Snappy」にプログラムをコンテナシステムによって導入(Deploy)するとあります。

　「Snappy」本体にはGUIはなく、エンドユーザーによる利用はアプリの充実を待たないとなりませんが、「Snappy」がプラットフォームとして登場し

121

第3章 「マイコンボード」と「IoT」

たことで、開発者が集まり、アプリが蓄積されていくのでしょう。

■とても興味深い「土台」

今のところ、Snappy はエンドユーザーが気軽に使えるという段階にはありません。

それは、「Snappy」が IoT の「縁の下の力持ち」だからです。

しかし、開発者にとっては、とても興味深い「土台」です。

*

「IPv6」の普及が始まってからだいぶ時間が過ぎており、すべてのネットワークが「IPv4」から移行しているとは言えませんが、それでも徐々に、「IPv6」は広まりつつあります。

「IPv6」では、サーバに割り当てられる「IPアドレス空間」が飛躍的に拡大されます。

そこで、インターネットに「ぶら下がる」デバイスの多くに「固有のIPアドレス」が割り振られ、「ネットワーク」が「デバイス」という「手足、目」をもつ、とも言われてきました。

「IPv6」「IoT時代」のOSとして、「Snappy」は今後も期待できるLinuxと言えるでしょう。

Linuxボードの注意点

Linuxボードは開発時間の短縮という利点がありますが、注意点もあります。

■起動時間の長さ

マイコンボードを、「IoT」などの組み込み用途で使うと考えた場合、一瞬で起動することが望ましいです。

一瞬で起動し、次の瞬間にはプログラムが動作しているOSもあります。

それに比べてLinuxは、さまざまなデバイスの初期化が必要であり、起動

[3-3] Linux ボード

時にある程度の時間を待つ必要があります。

*

また、終了時に「シャットダウン処理」が必要だという点にも注意が必要です。

終了時に処理を行なわないと、PCなどと同じようにファイルが破損することがあります。

一般的にこういった高度なOSが動作しているマイコンボードで、電源を抜くなどの強制的な電源OFFは好ましいこととは言えないので、組み込みの制御装置として使う場合には何らかの工夫が必要になります。

■ライセンスの問題

Linuxのカーネルは、「GPL2」というライセンスによって提供されています。

これはカーネル全体をオープンソースとして開発を進めるためのライセンスであり、カーネルに対して改造したものを配布する場合、改造部分を含めた全体のソースコードを公開しなければならないというものです。

ソースコードを非公開、または異なるライセンスにしたい場合は、プログラムをカーネルとは異なるメモリ空間である、ユーザースペース上で動作するものとする必要があります。

*

また、「GPL」にはライセンス表示義務もあり、使う際にはライセンスの適用範囲を検討する必要があります。

今後のLinuxボード

「Raspberry Pi」に始まった低価格Linuxボードは、マイコンボード市場にさまざまな形で影響を与えています。

*

組み込み向けのマイコンボードとして今までできなかったこと、たとえば「高度な計算処理」や、「大量のメモリの使用」「インターネットなどとの接

123

第3章 「マイコンボード」と「IoT」

続」などが、こういった低価格ボードの登場により現実的なものになりました。

そして、このようなLinuxボードは今までコンピュータが入らなかった部分にも入る可能性を秘めています。

今後もさまざまな製品に小回りの利くコンピュータとして組み込まれていくと思われます。

3-4 その他の「マイコンボード」

PICマイコン

■昔からの定番で、マイコン学習に最適

「PIC」(ピック)は、米マイクロチップ・テクノロジー社の製品です。

マイコンの中では歴史が古いので、書籍やネットからの開発関連情報が得やすく、マイコンの仕組みを基礎から学びたいような入門者に向いています。

かつては、プログラムを「RS232Cポート」経由で書き込む必要があり、扱いが少々面倒でした。

しかし、最近では「USB接続」の「ライター」が主流になり、スムーズにプログラムの書き換えができるようになっています。

*

「PIC」では、不揮発性の「EEPROM」(フラッシュメモリ)にプログラムを書き込むタイプのマイコンを使うのが一般的です。

また、1度しか書き込めない「ワンタイム」タイプのPICもあります。

■手軽に始められる

「PICマイコン」はお財布にも優しく、シンプルな機能のチップなら50円程度から入手可能です。

また、「PICマイコンボード」には、800〜1000円程度で買えるものもあり

124

[3-4] その他の「マイコンボード」

ます。

　ただし、一般に安価なマイコンボードは最小限の回路のみという構成になっているため、目的に応じて必要なパーツを追加する必要があり、どちらかというと「上級者向き」と言えるかもしれません。

　マイコンの使用目的が決まっている場合には、多少高価であっても、その目的に合った機能を装備しているボードを選んだほうが効率的です。

PIC18F2553マイコンボード(秋月電子通商)

■自作マイコンボード

　「PICマイコン」は、自作のマイコンボードにもよく使われます。
　「PICマイコン」を「ICソケット」を使って取り付ければ、半田ごての熱でPICを壊してしまう心配はありません。

＊

　また、あらかじめ「サンプル・プログラム」が書き込まれた「PIC」を使った「マイコンボードキット」が販売されています。
　このようなキットを使えば、プログラミングの知識がなくても、電子工作の手軽さで、マイコンボードを利用できます。

第3章 「マイコンボード」と「IoT」

.NET Gadgeteer

■簡単な「プロトタイピング・ツール」

　「.NET Gadgeteer」(ドットネット・ガジェッター)は、「マイコンボード」「周辺パーツ」「.NET Micro Framework」、そして「SDK」を組み合わせて、「Arduino」や「mbed」のようにプロトタイピング(試作)が簡単にできる、ツールキットです。

　「.NET Micro Framework」は「.NET Framework」のサブセットなので、「.NET」や「C#」といった知識を活用できます。

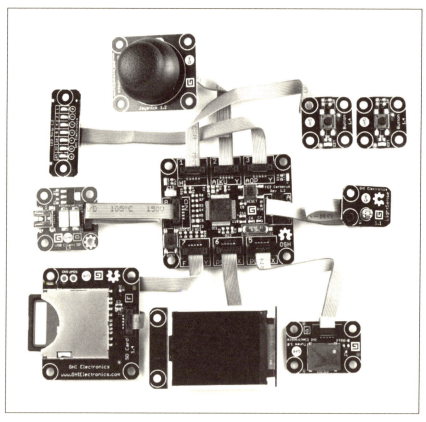

.NET Gadgeteer FEZ Cerberus Tinker Kit
(https://www.ghielectronics.com/catalog/product/455)

[3-4] その他の「マイコンボード」

＊

接続できる「モジュール」(各種の周辺パーツ)には、「カメラ」「SDカードスロット」「各種センサ」「モータ」など、電子工作で利用するものを広くカバーしています。

「メインボード」や「モジュール」は、「Visual Studio」を使って、写真イメージのアイコンで配線周りの設定ができます。

＊

「モジュール」への配線は、10ピンの「リボンケーブル」で行ないます。

ジャンパ線やハンダ付けを使わないので、配線ミスによる動作不良や破損といった恐れがありません。

■オープンソース

「.NET Micro Framework」や「.NET Gadgeteer」は、オープンソースとして公開されています。

利用者は、「.NET Gadgeteer」の互換ハードやライブラリを、自由に作ることができます。

＊

「.NET Micro Framework」は、これまでにも「Netduino」などのマイコンボードで採用されていました。

ネットワーク接続のような複雑なアプリケーションも、「.NET Micro Framework」を使えば、簡単に実現できます。

■「.NET Gadgeteer」のプログラミング

「.NET Gadgeteer」は、「Netduino」に似ていますが、分かりやすさ (抽象度の度合い)の点で、もう少し進んでいます。

127

第3章 「マイコンボード」と「IoT」

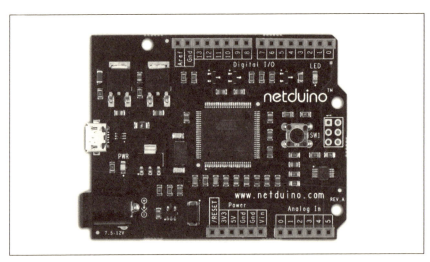

Netduino

「Visual Studio」のデザイナー画面から「メインボード」や「モジュール」を配線するだけで、プログラムから簡単にアクセスできます。

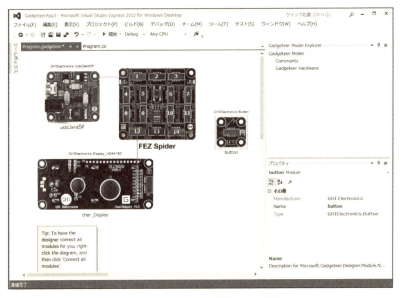

「Visual Studio」のデザイナー画面

[3-4] その他の「マイコンボード」

　もちろん「Netduino」のように、「Visual Studio」の「Intellisence」による「サジェスチョン機能」も使えます。

　また、編集画面で「モジュール名」を入力すれば、「プロパティ」や「メソッド」が表示されます。

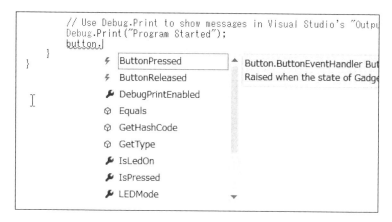

Intellisense (buttonモジュール)

■高度な抽象化と多機能化

　「Arduino」や「mbed」など、「抽象化」によってマイコンを簡単に扱えるようにする流れは、これまでもありました。

　「.NET Gadgeteer」も似ていますが、複雑な環境周りは「GUI画面」で設定でき、ハードに詳しくない人でも簡単に利用できます。

＊

　また、「Arduino」などでは難しかった、「USB機器」や「ネットワーク通信処理」の扱いも、「.NET Gadgeteer」では、「マイコンチップ」や「ライブラリ」が処理を受け持ってくれます。

　これによって、「Webサーバ機能」や「RESTを使った通信処理」など、複雑で負荷が大きい処理も、容易に実現できます。

＊

129

第3章 「マイコンボード」と「IoT」

一部のメインボードでは、「SQLite」(RDBMS)なども利用できます。

さらに、「Visual Studio」上のデバッグ機能が利用できるので、実機上で「ステップ実行」をしたり、「ブレークポイント」を仕掛けたりといったことも可能です。

■モジュールをつなぐ「10ピンコネクタ」

「.NET Gadgeteer」に「モジュール」を接続するには、「Arduino」の「シールド」のようなものの代わりに、「10ピンコネクタ」を「リボンケーブル」で接続します。

これによって、組み立てや片付けが簡単にできます。

また、小さいコネクタなので、1枚のメインボードにたくさんの機器を接続できます。

> ※「.NET Gadgeteer」の10ピンコネクタは、徐々に他のマイコンボードでも採用されはじめている。

便利なコネクタなので、今後更に浸透していくかもしれません。

■コネクタに接続できるモジュール

「10ピンコネクタ」は、すべて同じ形をしていますが、空いているコネクタのどこにでもに挿せるわけではありません。

接続するモジュールは、「USB用」や「SPI用」「汎用デジタル用」などがあり、「A」から「Z」のアルファベットで分類されています。
これを、メインボード上の同じアルファベットのコネクタに接続すれば、通信ができます。

メインボードの各コネクタには、1個～数個のアルファベットが振られており、ボード全体で見ると、いろいろな種類のモジュールと接続できるようになっています。

130

[3-4] その他の「マイコンボード」

【接続するモジュールの種類】

http://gadgeteer.codeplex.com/wikipage?title=.NET%20Gadgeteer%20Socket%20Types

■「.NET Gadgeteer」の入手

「.NET Gadgeteer」は、「GHI社」「Micromint社」「Mountaineerグループ」など、さまざまなメーカーから販売されています。

●メインボード

GHI社のメインボードは、約25ドル（FEZ Cerberus Mainboard）から、約100ドル（FEZ Raptor Mainboard）程度まで、さまざまなラインナップがあります。

最初に入手するときは、単体ではなく、いくつかのモジュールがセットになった「キット」が便利でしょう。

FEZ Raptor Mainboard

第3章 「マイコンボード」と「IoT」

　たとえば、「FEZ Cerberus Tinker Kit」は、コネクタを8個搭載した「FEZ Cerberus Mainboard」と、「カラーLCD」「押しボタン」「SDカードスロット」「USBクライアント端子」などのモジュールがセットで、99.95ドルです。

●モジュール
　「GHI社」から販売されているモジュールには、
- 320×240ドットの「USBカメラ・モジュール」（10.95ドル）
- L298フルブリッジドライバ搭載の「モータドライバ・モジュール」（22.95ドル）
- ENC28搭載の「イーサネット・モジュール」（14.95ドル）
- 「加速度センサ・モジュール」（13.95ドル）
- 「RFIDモジュール」（19.95ドル）

などがあります。

　これらは先述の通り、デザイン画面上でアイコンとして配置や配線をしたり、「Intellisence」を使ったコーディングができます。

●日本での入手
　日本では、代理店の「TINYCLR」から購入できます（海外通販でも入手は可能です）。

TINYCLR（http://tinyclr.jp/）

132

[3-4] その他の「マイコンボード」

■「.NET Gadgeteer」でできること

「USBカメラモジュール」「押しボタン」「SDカードスロット」を組み合わせれば、「デジカメ」を自作することが可能です。

また、「カラーLCD」と「USBジョイスティック」を組み合わせれば、「ゲーム機」を作ることもできます。

＊

「マイクロソフト社」の「VS魂100連発!」で配信されたムービーに、「温度センサ」の値をネット配信する作例があります。

これを見れば、実際の雰囲気が掴めるでしょう。

【.NET Gadgeteer で小型組込み機器制御アプリをさっと開発】
https://www.youtube.com/watch?v=RQbV3l9BCb8

Coron

■ロボット用マイコンボード

「Coron」(コロン)は、ロボットや制御機器を手がけるテクノロード社が開発した、「STM32 Cortex-M3」プロセッサを搭載したマイコンボードです。

「モータ制御」や「センサ取得」「音声再生」など、ロボットの制御に必要な機能が盛り込まれているところが大きな特徴です。

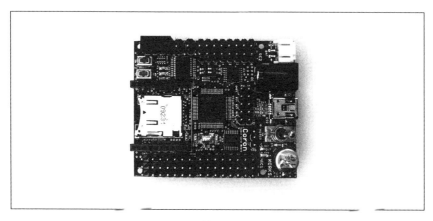

Coron

第3章 「マイコンボード」と「IoT」

ボードのサイズは、「奥行58×幅48×高さ26」mmと、かなりコンパクト。
microSDスロットを搭載し、通信データの読み込みと書き込みが可能。

電源供給は、DCジャックとバッテリ接続用のコネクタを装備しているので、電源供給のためにボード上のUSB端子が塞がって困るようなことはありません。

■主な機能
●モータ駆動
ラジコンサーボを最大16個、DCブラシ付きモータを最大2個をそれぞれ接続可能。

●センサ
距離センサなどのアナログセンサを最大6個接続可能。
センサ用の電源端子を装備。

●音声
オーディオアンプを搭載し、スピーカを直接鳴らせます。
microSDカードに保存した音声データ(WAV形式)を再生できます。

●データロガー
microSDカードに最大2GBのデータを保存可能。

●無線
「XBee」対応接続コネクタを装備しているので、「XBee」モジュールを簡単に装着できます。
「ZigBee」プロトコルで無線通信が可能。
今後は、その他の無線モジュールにも対応予定です。

●USB接続
「Coron」はminiUSBコネクタを装備。
PCとUSB接続して、プログラムの書き込みやロボット制御が可能です。

[3-4] その他の「マイコンボード」

●動作チェック
1個のスイッチおよび3個のLEDで、ボードの状態をチェックできます。

■開発環境
「Eclipse」による統合開発環境が提供され、C言語でプログラムを開発できます。

「Coron」の販売パッケージに同梱されたカードには、統合開発環境の簡易インストーラの配布先サイトのURLが記載されています。

また、このサイトでは、「Coron」のサンプルプログラムの配信も行なっています。

サンプルプログラムをダウンロードして、「Coron」に転送すれば、「Coron」の動作や機能をテストできます。

■XBeeを使う
「Coron」では、「XBee」を利用して無線通信ができます。

モジュールには通信ソフトが実装ずみなので、マイコンボードに接続するだけで利用が可能です。

アンテナを装着したXBeeモジュール

第3章 「マイコンボード」と「IoT」

　「XBee」で無線通信を行なうには、相手が必要なので、ロボットを無線操縦する側の機器にも「XBee」モジュールが必要です。
　PCからロボットを操縦する場合には、「XBee」用の開発ボードまたはUSB変換ボードを介して、PCと「XBee」モジュールを接続します。

＊

　「XBee」の通信は「ZigBee」プロトコルを使います。
　「ZigBee」はIEEE 802.15で規定された近距離無線通信プロトコルの規格です。

　これらをまとめると、次のような接続になります。

[XBee搭載ロボット]
↓↑「ZigBee」プロトコルの無線通信
[XBee]－[USB変換ボード]－[PCのUSB端子]

　「Xbee」モジュールのUSB変換ボードのことを「USBエクスプローラ」と呼びます。
　この名称は特に定義されてはいないようで、「XbeeエクスプローラUSB」や「Xbee USB アダプタ」など、呼び方はメーカーによってさまざまです。

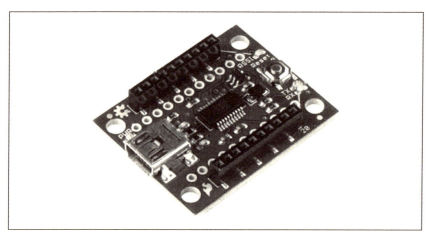

XBeeエクスプローラUSB(https://www.sparkfun.com/)

[3-4] その他の「マイコンボード」

H8マイコン

■「H8」とは？

「H8」は、シングルチップ系マイクロコントローラのシリーズ名であり、「H8ファミリ」には多種の製品があります。

当初は日立製作所が開発したマイコンですが、現在はルネサスエレクトロニクスが販売しています。

「H8」のHは「Hitachi」、8は「8ビット」を表わしており、「日立の8ビットCPU」という意味をもっています。

開発当初の「H8」は、「8ビットCPU」のみでしたが、現在では「16ビット版」「32ビット版」の製品群が加わり、幅広いスペックの中から目的に合ったマイコンを選べます。

*

「H8ファミリ」のマイコンは非常に種類が多く、ボードも多様な仕様の製品があり、最適な製品選択の判断はやや難しいかもしれません。

また、収束に向かっている（生産終了）マイコンもあり、互換性のある後継製品を選んだほうがいい場合もあります。

ただし、種類が多くても、基本的なアーキテクチャは共通しているため、「H8ファミリ」のどれかを扱えれば、後継製品に移行する場合でも、比較的スムーズに対応できると思います。

■定番のH8マイコンボード

「H8マイコンボード」の価格は、仕様によってピンキリですが、安価なボードも多く、入手しやすいです。

ホビーユースの「H8マイコンボード」では、秋月電子通商の「AKI-H8」シリーズが定番です。

たとえば、「AKI-H8/3052Fマイコンボード」は、開発ソフトのCD-ROM付きで2200円（税込）で販売されています。

137

第3章 「マイコンボード」と「IoT」

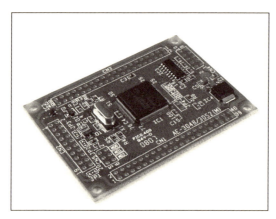

AKI-H8/3052F マイコンボード(秋月電子通商)

■主な「H8ファミリ」
●8ビット版

・H8/300L

　「H8/300L」は「H8/300」の完全互換、省電力版として開発されたCPUです。

　LCDコントローラ/ドライバ、タイマ、14ビットPWM(Pulse Width Modulation)、A/D変換器などを内蔵。

　LCD表示を必要とするシステムなどで、高度な制御ができます。

●16ビット版

・H8/300H

　最大512KBのフラッシュメモリを内蔵した、16ビットマイコンのシリーズです。

・H8/300H Tiny

　最大512KBのフラッシュメモリを内蔵し、1000回以上書き換えできます。RAMは最大4KBの製品があります。

　また、「スリープ」「スタンバイ」「サブスリープ」「サブアクティブ」など、多様な低消費電力モードを使い分けられます。

138

[3-4] その他の「マイコンボード」

・H8Sファミリ

「H8Sファミリ」の製品群は、従来製品との互換性を保ちながら、より高速に動作し、省電力性能が向上しています。

また、不要幅射のノイズ(機器動作の障害となり得るノイズ)を10～20dB低減した製品もあります。

ルネサス社では、従来製品を「H8S」以降の製品に置き換えることを推奨しています。

●32ビット版

・H8SXファミリ

アドレッシングモード(アドレスの指定方法)やビット操作命令が強化されています。

また、「H8S」よりも動作クロックを高速化し、処理能力が高められています。

Tessel

■JavaScriptを実行可能

「Tessel」(テセル)は、JavaScriptで制御できるマイコンボードです。

プロセッサは、動作クロック180Mhzの「LPC1850/30 Cortex-M3」、メモリは32MBのSDRAMと32MBのフラッシュメモリを搭載。

電源は、microUSBまたはバッテリから給電します。

また、ネットワーク接続を念頭に設計されていて、「Wi-Fiモジュール」(TI CC3000)を標準装備しています。

139

第3章 「マイコンボード」と「IoT」

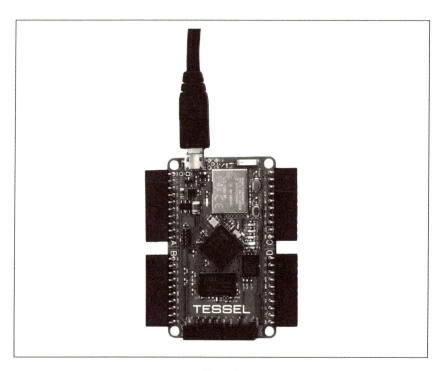

Tessel

*

 その他にも、「Node.js」に対応し、「NPM」(Node Packaged Modules)を利用できます。

 これによってJavaScriptのプログラムを実行できるので、ネットワーク越しに「Tessel」を制御することが可能です。

> ※ Node.js
> サーバ上でJavaScriptプログラムを実行させるためのプラットフォーム。

[3-4] その他の「マイコンボード」

■Tesselモジュール

「Tessel」は、基板の周囲に5個の拡張端子「モジュールポート」を装備しています。

この端子には、専用拡張ボード「Tesselモジュール」を取り付けて、簡単に新しい機能を追加することが可能です。

「Tesselモジュール」には、「加速度計」「microSDカードスロット」「オーディオ」「カメラ」「Bluetooth」「温度と湿度のセンサ」など、多彩なボードが用意されています。

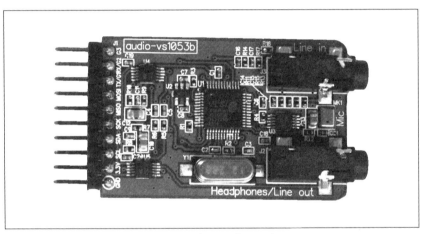

Tesselモジュール「Audio」

第4章
「IoT」の課題とセキュリティ技術

「IoT」は、とても便利な技術ですが、一方でいろいろな課題も残されています。
ここでは、「IoT」が抱える問題点と、それに対応するためのセキュリティ技術の例を紹介します。

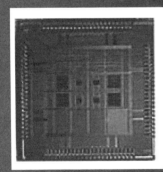 

試作された「固有ID」を生成する「LSI」。左：65nm プロセスルール、2.1mm角。
右：180nm プロセスルール、2.5mm 角（三菱電機ニュースリリースより）

第4章　「IoT」の課題とセキュリティ技術

4-1 「IoT」の課題

さまざまな問題点

「IoT」が普及することによって生活がより便利になりそうなことは想像できました。

しかし、その裏には次に挙げるように、まだ課題が残されています。

■想定外なデータの利用

「IoT」で集めたデータに対して、想定しないデータの利用法が生まれる危険性は考慮すべき点です。

「IoT」が普及した世界というのは、一種の「監視社会」と呼べるかもしれません。

多数のセンサが取り巻く世界では、それら膨大なデータの取り扱いにも気を配る必要があります。

■「IoT」への依存が高くなることへの懸念

社会全体が「IoT」サービスに依存しすぎると、エラーや事故が発生した場合の影響も大きくなります。

特に「エネルギー」や「医療」といった、重要な分野での「IoT」活用が期待されている以上、事故に対する備えも万全でなくてはなりません。

■「個人情報」保護の観点

「公衆Wi-Fi」を利用した場合、通信内容自体はSSLなどで秘匿化したとしても、「MACアドレス」や「グローバルIPに設定したデバイスのアドレス」は、周囲で拾えてしまいます。

たとえば、「健康用機器」のように身につけて持ち歩くデバイスでは、そのアドレスを追跡することで、足取りが他の人に把握される恐れもあります。

利用の際には、「個人情報」の漏洩についての注意が必要です。

144

[4-2] 「IoT」の危険な罠

■大容量、高負荷、連続稼働

高機能なマイコンボードでは、Linuxなどが利用できるものもありますが、いわゆる「サーバ機器」として使われるコンピュータと比べると、処理能力や耐障害性などの点では、どうしても劣ります。

特に、「連続稼働の備え」(予備電源への自動切換機能や、記憶装置のRAID化など)では、サーバ専用機のような信頼性を期待するのは無理がありそうです。

*

以上のように、「IoT」は、センサなどを搭載したたくさんの機器を、広い範囲に設置でき、またあちこちに移動できる、というメリットがある反面、一部の機器で障害が発生することを見越した上で、どのように利用するかを考えておく必要があるでしょう。

4-2 「IoT」の危険な罠

「IoT」の可能性

まずは、おさらいです。

*

「IoT」は、クーラーや照明、冷暖房、ロボット掃除機などの「スマート家電」によって幕が開きました。

さまざまな「モノ」(=Things)がインターネットにつながり、スマートフォンやパソコンで制御できるようになってきたのです。

今後、こうした動きは加速し、

・各機器にOSが組み込まれてコンピュータ制御されており、

・機器同士がインターネットに接続されていて、

・Wi-Fi無線通信が可能なもの

であれば、日用製品に限らず、「機器」「機械」「装置」「道具」「システム」「設備」など、あらゆるものが「IoT」化することでしょう。

145

第4章　「IoT」の課題とセキュリティ技術

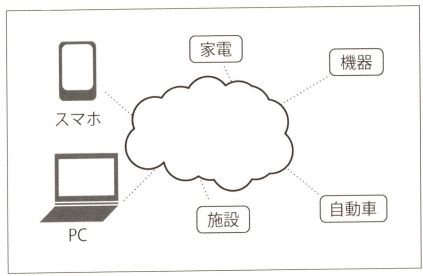

すべてがIoT化してしまう

　実際的な見地から言えば、さらに、これまで室内での使用がメインだった「リモコン」が、「スマホ」の普及によって屋外でも利用可能になったことも、「IoT」化には欠かせない出来事でした。

「IoT」の特性

　「IoT」は、これまでの日用機器に、以下のような特性を新たに付加することになります。

■情報端末化

　インターネット接続によって、従来の機能に加えて、情報をやり取りできる端末となります。

　「カメラ」「マイク」「スピーカー」を使って「モノ」の付近の映像や音声を送信することはもちろん、「モノ」の側で収集されるデータを指示通りに受け取ることもできます。
　つまり、「モノ」であってもインターネットを通じて情報を「発信」しているので、その情報は第三者に利用されないようにしなければなりません。

[4-2] 「IoT」の危険な罠

■情報の一斉拡散の可能性

情報の「発信」にあたっては、「相手」が重要になってきます。

メーラーがそうであるように、同じ内容を複数の相手に簡単に送ることができる点も、「IoT」にとって気をつけなければならないことです。

たとえば、これは、メーカーとユーザーと機器との関係を大きく変えることになります。

メーカー側が機器を通じて直接個々のユーザーに一斉にアップデートプログラムやその他の情報を配布できるからです。

しかし、その反面、誤った情報やマルウェアなども容易に拡散してしまう危険性も加わります。

■情報の集約化

さまざまな情報がデータベース管理される結果、いわゆる「ビッグ・データ」が生まれ、膨大な量に基づいたマーケティング分析やきめの細かいサービスを提供できるようになります。

しかし、同時に、個人情報などの漏洩が一度起こると、損害も桁外れになります。

ただし、こうして集約されるデータは、各個人がもっているわけではなく、サービス提供側が保有しているので、攻撃者が狙うとすれば、各個人の端末ではなく、データベースそのものとなります。

■相互連関性

個々で考えれば、IoT間でやり取りされるデータは、特に意味をもつことはありません。

しかし、そこに「ヒト」としてのデータと関係づけられると、さまざまな意味をもってきます。

たとえば、不特定多数の人の移動データをGPSで採集しても、特定の個人

147

第4章 「IoT」の課題とセキュリティ技術

に迷惑がかかることはありません。

しかし、誰か一人の移動データがあり、それが誰であるか分かる場合には、その情報は、空き巣を狙う人にはとても役に立つ情報になります。

また逆に、常にSNSでつぶやきGPSと連携させて場所を確定させていれば、もし事件の容疑者になっても、有効なアリバイを提出できるかもしれません。

つまり、「モノ」が生成するデータも、特定の個人と関連性がもたせられると、情報としていろいろな意味をもってくるのです。

「IoT」はなぜ狙われるのか

「IoT」がネット犯罪者に狙わるとすると、その理由は何でしょうか。

■攻撃の目的

基本的には「IoT」といっても、パソコンやインターネット、スマホなどで起こっている課題と、大きく変わることはありません。

狙う目的は、ほぼ以下の4点に尽きるでしょう。

①名誉欲（愉快犯、悪戯、知的ゲーム）
②金銭目的
③政治的（テロ、諜報）、軍事的
④感情的（憎悪、恨み、恋慕）

このうち④については、実際の攻撃内容は特定できないので省略します。

また、①についても、特に「IoT」のどこを狙うということとあまり結びつきません。

ただ、多くの人が注目しているものや最先端のものが標的になることが多少あるかもしれませんので、最初のうちの攻撃は①が多い可能性があります。

*

[4-2]「IoT」の危険な罠

　それに対し②と③は、かなり標的が絞られます。

　ネットで言えば、②は金融関係やネット通販、さらには直接「お金」でなくても「ポイント」を発行しているサイトなどが「IoT」と絡むと、狙われる恐れがあります。

　また、最大の不安は③で、軍事施設や工場など、たとえば製造工場の一工程を勝手に変えられたり、原子炉の電源を喪失させる、といったように、「IoT」のなかでも狙われたら困るものが増えるでしょう。

＊

　国や地方自治体、そして大企業などは、セキュリティに関しては、それなりの対応をすると思いますが、心配なのは、中小企業の機器です。

　そして、「IoT」におけるセキュリティ問題は、インターネット接続のみならず、「モノ」にもOSやアプリケーションなどが組み込まれていることから、生じるリスクをとらえねばならない、ということでもあります。

■IoTのどこが狙われるのか

　狙われるところはほぼ決まっており、①であれば機器を問わず、OSやアプリケーションなどの脆弱性を狙って攻撃してくるでしょう。

　つまり、セキュリティの甘い製品が近いうちに被害に遭うのです。

　続いて②と関連しますが、甘いパスワードを使っているユーザーの複数の機器からそれぞれの情報を収集し、それらを組み合わせて利益を生むような攻撃にネット犯罪者は興味をもつでしょう。

　「なりすまし」系の詐欺などが、考えられます。

　また、これは上記のパスワードとの組み合わせになりますが、「IoT」機器の中には、送り出されるデータが暗号化されていないものもありそうです。

　もちろんそのデータ自体には、ほとんど個人を特定できる情報はありませんが、もし両者が結びつけば、ネット犯罪者にとっては、いろいろと役に立ちそうです。

149

第4章 「IoT」の課題とセキュリティ技術

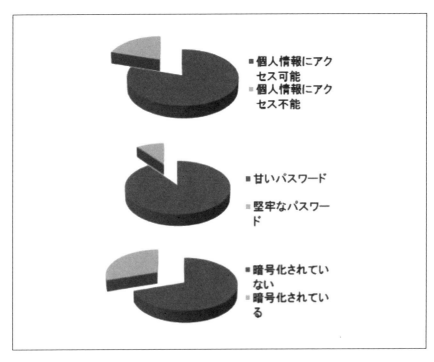

HPによる「IoT機器」に関する調査結果（2014年）

■「IoTセキュリティ」が致命的な点

「IoT」が狙われる理由は、このように一言でまとめれば、「セキュリティ意識が低い」からです。

＊

特に致命的と思われるのは、以下の点です。

・コモディティ化の弊害

「IoT」はあくまでも日用品、つまり、誰でも簡単に使えることを前提としているので、コンピュータ機器と思われていない。

・「モノ＝閉じたシステム」という誤解

「IoT」は無線通信が用いられるのが一般的であるにもかかわらず、インターネットに接続しているという意識が薄い。

[4-2]「IoT」の危険な罠

・常時接続の危険性

「IoT」のインターネット接続は、大半が常時接続を行なっているのに、第三者が常に侵入可能だという認識がない。

・技術への無責任さ

「IoT」は人間が何かをするわけではなく、機器どうしが直接やり取りを行なうので、関与したり注意したりする必要がないと思われている、

想定される「IoT」への攻撃の具体例

このように、「IoT」は、明らかに攻撃されやすいため、さまざまな事件が起こってくることでしょう。

特に可能性の高いものを、以下に挙げておきます。

■DoS攻撃

コンピュータマルウェアの多くは、個々の機器への攻撃が多かったのに対して、「IoT」の場合は、「そのメーカーのサービスそのものに侵入」し、「そこに接続している機器をまるごと操っ」たり、「そこに集約されている情報を窃取」する可能性が高くなります。

そのほうが、効率がいいからです。

こうした攻撃が起こった場合、被害はサービス提供側だけにとどまりません。

一般ユーザーもまた、日常的に使っていたサービスが利用できなくなり、非常に困ることになります。

■サービスや情報の「窃取」「改竄」「拡散」

これも攻撃先はサービス提供側ですが、結果としてユーザー側に被害が生じます。

愉快犯的な挙動もあるかもしれませんが、その内容によっては、社会混乱が起こる恐れもあります。

また情報の窃取は、多くは金銭目的にその情報が悪用されるおそれがあ

151

第4章 「IoT」の課題とセキュリティ技術

ります。

■機器への侵入

有線であれば侵入経路が物理的に理解できますが、無線接続は、意識が希薄になります。

パソコンやスマートフォンと同様に、機器が乗っ取られる恐れがあります。

*

「IoT」の難しいところは、家電と同様に、内部の仕組みや接続原理などをユーザーが理解しようとはしないことです。

そのため、メーカー側がしっかりとしたセキュリティ対策を施すほかないように思われます。

4-3 「IoT」時代のセキュリティ技術

以上のように、「IoT」のセキュリティ対策は、まだまだこれからといったところですが、一方で企業や大学などで、IoT時代のためのセキュリティ技術の研究も、進められています。

そこで、一例として三菱電機と立命館大学が発表した、「IoT」向けの新たなセキュリティ技術を紹介します。

「IoT」時代は、より強固なセキュリティが必要

三菱電機と立命館大学は、あらゆる機器がネットワークにつながる「IoT」(Internet of Things：モノのインターネット)時代に向けて、新しいセキュリティ技術を開発した、と発表しました (2015年2月5日)。

この技術は、製造段階で生じる「LSI」(大規模集積回路)の個体差を利用して、機器の秘匿と認証を行なう、というものです。

*

「IoT」の進歩につれてネットワークに接続される組み込み機器が増加する一方、「プログラムの解析・改ざん」や「データの奪取」「機器のなりすまし」

152

[4-3]「IoT」時代のセキュリティ技術

などの不正行為に対する対策が、ますます重要になってきています。

　「IoT」は、私達の生活の一部を預けることになると言っても過言ではない、ある意味、重要なインフラとなる技術です。

　しかし、そこに新しい付加価値が生まれるとしても、「セキュリティ」を担保しなければ手放しで喜べません。

　「IoT」機器がハッキングを受けて偽の情報を流したり、また収集した情報を第三者に不正に盗聴されてしまっては、パニックの元になりかねないのです。

＊

　今回発表の際に語られた「IoT」ハッキングのリスクとしては、

・電力プラントでの停電
・生産現場のリモート保守機器の故障
・防犯ゲートの操作による侵入
・鉄道や航空機の「運行支援システム」の乗っ取りによる事故

などが挙げられました。いずれも、下手をすれば生命に関わる問題です。

　特に、このような安全性が重要視される組み込み機器においては、「プログラムやデータの保護」について、抜けのない対策が必要なのです。

＊

　これまでに採られていた一般的な対策としては、機器に内蔵するメモリに、「暗号処理をしたID情報」を格納する、というものがあります。

　しかし、この方法は機器の電源を切っても、「ID情報」がメモリ上に残留します。

　そのため、チップを開封して内部を調べることで、「ID」の解析が可能になるというリスクがありました (かなり強引な手口ではあると思われますが)。

　解析した「ID」を別のチップに書き込めば、本物に成りすました「不正チップ」が簡単に作れてしまうわけです。

＊

153

第4章 「IoT」の課題とセキュリティ技術

そこで、「ID」の解析が極めて難しいセキュリティとして開発されたのが、今回の技術になります。

「LSI」の個体差を利用

「IoT」機器への「セキュリティ・リスク」としては、一般的なコンピュータと同様に、マルウェアのような「不正プログラム」の混入が想定されています。

こうした「不正プログラム」の混入を防止するには、「LSI」宛に、「暗号化」したプログラムのみを受け取るようにし、それ以外の不正なプログラムは拒否するようにします。

この「暗号化」の際に、「LSI固有の指紋」を使うのが、今回発表されたセキュリティ技術のキモとなる部分です。

＊

「LSI」は、まったく同じ回路のチップを量産したとしても、それぞれに必ず微妙な「個体差」が生じます。

回路の素子がもつ遅延には「個体差」があるため、出力の途中の状態に現われる電圧の上昇回数の振る舞いは、「LSI」ごとに異なるというのです。

これは、デジタル回路の"アナログ的なバラつき"と言えるものでしょう。

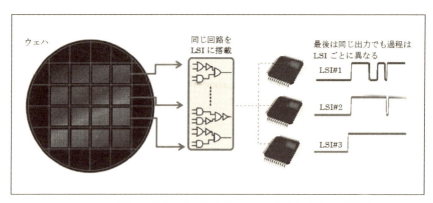

同じ「LSI」でも、個体差によって出力信号にわずかなバラつきが出る
（三菱電機ニュースリリースより）

[4-3]「IoT」時代のセキュリティ技術

　この個体差を「LSIの指紋」に見立てて、同じ回路を実装した「LSI」にもかかわらず、それぞれに「固有ID」を作り出すことに成功しています。

＊

　具体的には、次のような手順で「固有ID」を生成します。

---

[1]「LSI」に信号を入力すると発生する、「電圧の上昇回数」を数えて、その数が偶数個なら「0」、奇数個なら「1」のビットを与える。

[2] 入力信号を変えつつ、何回も繰り返しビット変換し、「固有ID」となるビット列を生成する。
　これが、「LSIの指紋」となる。

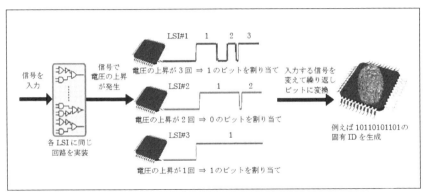

「LSI」ごとの「固有ID」の生成方法(三菱電機ニュースリリースより)

　本来、ないほうがいいはずの「LSI」ごとのバラつきを逆手に取った、まさに"逆転の発想"と言うべきアイデアでしょう。

　「LSI」の製造工程で必ず生じるバラつきを利用するため、まったく同じ「LSI」をコピー生産したとしても、同じ「固有ID」は発生しません。

155

第4章 「IoT」の課題とセキュリティ技術

この技術の利点

さらに、今回のセキュリティ技術は、「LSI」内部に「固有ID情報」をもたず、チップが動作した一瞬にしか「固有ID」が現われません。

そのため、チップを開封して内部を調べても解析はできないようになっています。

指定の「LSI」の「固有ID情報」でしか復号できないように暗号化されたプログラムやデータは、その「LSI」をもつ機器でしか使えなくなるため、機器の安全性を充分に確保できるというわけです。

＊

また、特定の「固有ID」をもつ機器同士でしか接続しない……といった設定も可能とのことです。

この技術によって、従来の技術と比較して遥かに高い安全性が担保されることになります。

＊

この他にも、「固有ID」の生成や、秘匿と認証に必要な回路を一部共有化することで、それぞれを個別に実装した時と比べて、回路の大きさを約「3分の1」に削減することにも成功したとしています。

すでに立命館大学と共同で、複数の製造プロセスで本技術を適用した「LSI」を試作し、安定して「固有ID」の生成が可能であることを確認しています。

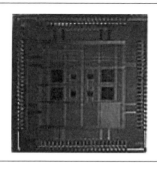

試作された「固有ID」を生成する「LSI」。左：65nmプロセスルール、2.1mm角。右：180nmプロセスルール、2.5mm角（三菱電機ニュースリリースより）

[4-3]「IoT」時代のセキュリティ技術

また、この技術は「モジュール化」することで組み込みが容易になり、一般的な「LSI」の設計フローにも適用可能とのことです。

今後の展開

三菱電機は、2015年度以降を目標に、三菱電機が展開する家電製品や産業用機器などに本セキュリティ技術を組み込んでいくとしています。

より安全性の高まった「IoT」時代の幕開けが、着実に近付いていると感じさせてくれる技術でしょう。

索　引

五十音順

あ行

え　エリア・イメージ・センサ………… 49
お　温度感覚のセンサ………………… 41

か行

か　回転速度センサ…………………… 47
　　化学センサ………………………… 47
　　角速度センサ……………………… 48
　　加速度センサ…………………50,63
　　可燃性ガス・センサ……………… 55
　　関節神経のセンサ………………… 41
き　機械量センサ……………………… 45
　　嗅覚のセンサ……………………… 40

さ行

さ　サーミスタ………………………… 52
　　サブ・ギガヘルツ帯……………… 14
し　視覚のセンサ……………………… 39
　　照度センサ………………………… 61
　　触覚のセンサ……………………… 40
す　スマートアグリ…………………… 30
　　スマートグリッド………………… 26
　　スマートハウス…………………… 26
　　スマートメーター………………… 27
せ　生体情報センサ…………………… 72
　　セキュリティ技術………………152
　　接近センサ………………………… 61
　　センサ……………………………… 36
　　センサが使われている家電……… 66
　　センサが使われる分野…………… 44
　　センサの種類……………………… 45
　　センサの分類……………………… 42

た行

た　タッチ・センサ…………………… 58
ち　地磁気センサ……………………… 63
　　聴覚のセンサ……………………… 39

て　電気/電界/磁界センサ ………… 46
と　トピック…………………………… 22

な行

ね　熱検知方式………………………… 52
　　熱センサ…………………………… 45
　　ネットワークの通信方法………… 10

は行

は　バランス感覚のセンサ…………… 40
ひ　光センサ…………………………… 46
ふ　フォト・ダイオード……………… 54
　　ブレッドボード…………………… 84
　　プロトコル………………………… 17
へ　変位センサ………………………… 47
ほ　ホール素子………………………… 53

ま行

ま　マイク……………………………… 62
　　マイコンボード…………………… 80
み　味覚のセンサ……………………… 40
む　無線通信…………………………… 10
め　メインプロセッサ………………… 63
も　モノのインターネット…………… 8

や行

ゆ　有線LAN ………………………… 10

ら行

り　リニア・イメージ・センサ……… 48
れ　レーザー・ドップラー計測器…… 47
　　レーザー・ドップラー振動計…… 55
ろ　ロータリー・エンコーダ………… 56

アルファベット順

A

Arduino ……………………………… 91
ARM ………………………………… 88

B

BeagleBone Black …………………114
BLE…………………………………85,87

索 引

Bluetooth ……………………… 15

C

Core OS………………………116

Coron ……………………………133

Cubietruck………………………112

E

Edison ……………………………106

G

Galileo ……………………………104

GPS ……………………………50,63

H

HEMS………………………… 27

HTTP …………………………… 17

HummingBoard……………………111

H8マイコン ……………………137

I

I²C ……………………………… 83

IBM MessageSight …………… 23

IEEE802.15.4 ………………… 11

Internet of Things ……………… 8

IoT …………………………………… 8

IoTの応用 ……………………… 30

IoTの目的 ……………………… 9

IoTの問題点 ……………………144

IoTへの攻撃 ……………………151

L

Linuxボード ………………… 98

Linuxボードの注意点 ……………122

M

M2M ……………………………… 16

mbed …………………………… 94

mbed OS ……………………… 96

MEMS …………………………… 71

MEMS型加速度センサ ………… 50

MQTT……………………………… 17

N

NTCサーミスタ ……………… 52

O

ODROID-U3 ……………………113

P

pcDuino ……………………………115

PICマイコン ……………………124

PoE……………………………… 10

PTCサーミスタ ……………… 52

Publish/Subscribe型 …………… 20

Q

QoS………………………………… 21

R

Raspberry Pi …………………… 99

S

sango …………………………… 23

Snappy Ubuntu Core …………117

T

Tessel………………………………139

TWE-Lite ……………………… 86

U

UART …………………………… 82

W

Weaved ……………………………101

Wi-Fi …………………………… 10

Wi-SUN ……………………13,26

X

Xbee …………………………… 86

Z

ZigBee ………………………… 11

記号・数字

.NET Gadgetter ………………126

3G/LTE ………………………… 10

159

[執筆]

arutanga
大澤文孝
勝田有一朗
瀧本往人
ドレドレ怪人
nekosan
某吉
本間一

※本書は、月刊「I/O」誌に掲載された記事を加筆修正し、再構成したものです。

質問に関して

本書の内容に関するご質問は、

① 返信用の切手を同封した手紙
② 往復はがき
③ FAX(03)5269-6031
　(ご自宅の FAX 番号を明記してください)
④ E-mail　editors@kohgakusha.co.jp

のいずれかで、工学社編集部宛にお願いします。電話によるお問い合わせはご遠慮ください。

● サポートページは下記にあります。
【工学社サイト】http://www.kohgakusha.co.jp/

IoT がわかる本

平成 27 年 5 月 25 日　第 1 版第 1 刷発行　ⓒ 2015
平成 27 年 10月 25 日　第 1 版第 2 刷発行

編　集	I/O 編集部
発行人	星　正明
発行所	株式会社工学社
	〒 160-0004
	東京都新宿区四谷 4-28-20 2F
電話	(03)5269-2041(代)［営業］
	(03)5269-6041(代)［編集］
振替口座	00150-6-22510

※定価はカバーに表示してあります。

[印刷] 図書印刷 (株)

ISBN978-4-7775-1896-8